高等职业教育机械类专业"十二五"规划教材

公差配合与技术测量

主　编　张慧云　曾艳玲

副主编　赵　权　杨　辉

参　编　熊　隽　魏海生

　　　　邹学汪　邓　陶

主　审　鲁淑叶

U0316878

中国铁道出版社有限公司

CHINA RAILWAY PUBLISHING HOUSE CO., LTD.

内容简介

本书是高等职业教育机械类专业"十二五"规划教材。全书体现了工学结合的高职教育人才培养理念,强调"实用为主,必需和够用为度"的原则,在知识与结构上有所创新,不仅符合高职学生的认知特点,而且紧密联系一线生产实际,真正体现学以致用。

本书共分 9 章,包括绪论,光滑圆柱体结合的极限与配合,测量技术基础,几何公差及其误差的检测,表面粗糙度,光滑极限量规设计,滚动轴承的公差与配合,螺纹、键、花键、圆锥结合的公差,圆柱齿轮传动的公差及测量。本书内容简明扼要,理论联系实际,各章均包含了授课、解题所需的公差表格,以配合教学。每章均附有小结及练习题,以供学生参考和练习。

本书适合作为高等职业院校机械、材料等相关专业的教材,也可供电大、职大机械类相关专业的学生使用,还可供从事机械设计与制造、标准化、计量测试等工作的工程技术人员参考。

图书在版编目(CIP)数据

公差配合与技术测量 / 张慧云,曾艳玲主编. —北京:
中国铁道出版社,2012.9(2019.12 重印)
高等职业教育机械类专业"十二五"规划教材
ISBN 978 - 7 - 113 - 14907 - 9

Ⅰ. ①公… Ⅱ. ①张… ②曾… Ⅲ. ①公差 - 配合 -
高等职业教育 - 教材②技术测量 - 高等职业教育 - 教材
Ⅳ. ①TG801

中国版本图书馆 CIP 数据核字(2012)第 169596 号

书　　名:**公差配合与技术测量**
作　　者:张慧云　曾艳玲　主编

策　　划:吴　飞　　　　　　**读者热线:**(010)63550836
责任编辑:吴　飞
编辑助理:赵文婕
封面设计:付　巍
封面制作:刘　颖
责任印制:郭向伟

出版发行:中国铁道出版社有限公司(100054,北京市西城区右安门西街 8 号)
网　　址:http:// www.tdpress.com/51eds/
印　　刷:北京虎彩文化传播有限公司
版　　次:2012 年 9 月第 1 版　　　2019 年 12 月第 2 次印刷
开　　本:787 mm×1 092 mm　1/16　印张:12.5　字数:304 千
印　　数:3 001~3 500 册
书　　号:ISBN 978 - 7 - 113 - 14907 - 9
定　　价:26.00 元

  "公差配合与技术测量"是高等职业院校机械类各专业的重要技术基础课,它与"机械设计基础"、"机械制造基础"等课程有着密切的联系,其内容紧紧围绕机械产品零部件的制造和公差及其关系,研究零部件的设计、制造精度与技术测量方法。

  本书是按照高等职业教育的培养目标要求,由从事高职教育教学工作多年、具有丰富教学经验的教师编写。在编写过程中,力求内容精练、重点突出、易记易懂,着重于各种公差标准的实际应用性。

  本书共分9章,包括绪论,光滑圆柱体结合的极限与配合,测量技术基础,几何公差及其误差的检测,表面粗糙度,光滑极限量规设计,滚动轴承的公差与配合,螺纹、键、花键、圆锥结合的公差,圆柱齿轮传动的公差及测量。

  本书由张慧云、曾艳玲担任主编,由赵权、杨辉担任副主编,参编人员包括熊隽、魏海生、邹学汪、邓陶。具体编写分工:魏海生编写第1章;曾艳玲编写第2、3章,并负责统稿工作;张慧云编写第4、8、9章;邓陶编写第5章;邹学汪编写第6章;熊隽编写第7章;赵权、杨辉参与了部分章节内容的编写工作。全书由鲁淑叶担任主审。

  本书在编写中引用了部分标准和技术文献资料,在此,对有关单位和专家一并表示衷心的感谢。

  本书适合作为高等职业院校机械、材料等相关专业的教材,也可供电大、职大机械类相关专业的学生使用,还可供从事机械设计与制造、标准化、计量测试等工作的工程技术人员参考阅读。

  由于编者水平有限,书中的疏漏和不足之处在所难免,恳请读者批评指正。

编 者

2012 年 6 月

目 录

CONTENTS

第1章 绪 论

1. 明确本课程的性质、目的和任务。
2. 掌握互换性的概念,了解互换性的分类及作用。
3. 熟悉加工误差、公差的含义。
4. 了解标准和标准化的含义,熟悉优先数和优先数系的特点。

1.1 课程的性质、目的和任务

1.1.1 本课程的性质

"公差配合与技术测量"是机械类专业的一门极其重要的核心专业基础课程。课程包含了公差配合和技术测量两个范畴,是从基础课学习过渡到专业课的桥梁。课程以国家的公差标准为理论技术支撑,研究对象是零部件几何参数的互换性。本课程的特点是术语定义、符号、代号、图形、表格多;公式推导少,经验数据和定性解释多;内容涉及面广,各章节之间的系统性和连贯性不强。

公差部分主要讲授互换性原理和有关标准化规定,零件的几何量精度及其相互配合的基本知识和几何量检测的基本技术。它所涉及的理论和技术能在机械设计、制造和检验过程中,得到最广泛的应用。

1.1.2 本课程的目的

依据专业人才培养目标赋予课程的教学任务,围绕几何量公差与技术测量的两大主线整合相关教学内容,使学生掌握互换性原理和有关机械零件的公差、配合、检测的基本原理及有关公差标准的主要内容和主要规定;初步学会和掌握零件的精度设计内容和方法;能够查用公差表格,能够正确标注图样,了解各种典型零件的测量方法。培养学生根据公差要求合理选择计量器具、熟练操作计量器具、正确测量各种参数及分析误差来源的综合实践能力。了解光学量仪的使用方法和检测原理。

1.1.3 本课程的任务

从互换性原理的角度出发,始终围绕着误差与公差来研究如何解决使用与制造之间的矛盾,而解决这一矛盾的方法是合理确定公差值和采用适当的技术测量手段。

1.2 互 换 性

在日常生活中,经常会遇到这样的情况,家里灯泡坏了,买一只相同规格的换上就能使用;机器、汽车、拖拉机、自行车、缝纫机上的零件坏了,只要换上相同型号的零件就能正常运转,不必要考虑生产厂家。之所以这样方便,是因为这些零(部)件都是按照互换性的要求生产的,都具备相互替换的特性。

1.2.1 互换性的含义

在机械工业中,互换性是指在同一规格的一批零件或部件中,任取其一,不需任何挑选调整或附加修配(例如钳工修理)就能进行装配,并能保证满足机械产品的使用性能要求的一种特性。零部件的互换性包括几何参数(尺寸、形状、位置等)、力学性能和物理化学性能等方面的互换性,本课程只研究几何参数的互换性。

1.2.2 互换性的种类

互换性分为外互换和内互换。对于标准部件来说,标准部件与其相配件间的互换性称为外互换;标准部件内部各零件间的互换性称为内互换。例如滚动轴承,其外环外径与机座孔、内环内径与轴颈的配合为外互换;外环、内环滚道直径与滚动体间的配合为内互换。

互换性按互换程度又可分为完全互换和不完全(或有限)互换。零件在装配时不需选配或辅助加工即可装成具有规定功能的机器的称为完全互换;需要选配或辅助加工才能装成具有规定功能的机器的称为不完全互换。在机械装配时,当机器装配精度要求很高时,如果采用完全互换会使零件公差太小,造成加工困难,成本增加。这时应采用不完全互换,将零件的制造公差放大,并利用不同的装配方法将相配件按尺寸大小分为若干组,然后按组相配,即大孔和大轴相配,小孔和小轴相配。同组内的各零件能实现完全互换,组际间则不能互换。例如滚动轴承,为了用户方便,外互换零件应实现完全互换。为了制造方便和降低成本,内互换零件应采用不完全互换。

互换性按互换目的又有装配互换和功能互换之分。规定几何参数公差达到装配要求的互换称为装配互换;既规定几何参数公差,又规定机械物理性能参数公差达到使用要求的互换称为功能互换。上述的外互换和内互换、完全互换和不完全互换皆属装配互换。装配互换目的在于保证产品精度,功能互换目的在于保证产品质量。

1.2.3 互换性的作用

1. 在设计方面的作用

由于采用互换原则设计和生产标准零部件,可以简化绘图、计算等工作,缩短设计周期,便于用计算机进行辅助设计。

2. 在制造方面的作用

互换性是提高生产水平和进行文明生产的有力手段。装配时,不需要辅助加工和修配,故能减轻装配工人的劳动强度,缩短装配周期,并且可使装配工人按流水作业的方式进行工作,便于进行自动装配,从而大大提高生产效率。加工时,由于规定有公差,同一部机器上的各种零部件可以同时加工。用量大的标准件还可以由专门车间及工厂单独生产。这样就可以采用高效率的专用设备,或者采用计算机辅助加工,以提高产量和质量,降低成本。

3. 在使用方面的作用

例如,人们经常使用的自行车和手表的零件,生产中使用的各种设备的零件等,当它们损坏以后,修理人员很快就可以用同样规格的零件换上,恢复自行车和手表的功能。而在某些情况下,互换性所起的作用还很难用价值来衡量。例如,在战场上,要立即排除武器装备的故障,继续战斗,这时主要零部件的互换性是绝对必要的。

综上所述,互换性是现代化生产基本的技术经济原则,具有提高生产率,有利于专业化大生产,缩短维修时间,降低生产成本等特点,因此,在机器的制造与使用中发挥着重要作用。

1.3　加工误差与公差

1.3.1　加工误差

加工零件时,任何一种加工方法都不可能把工件加工的绝对准确。在加工过程中,由于机床、夹具、刀具、工件组成的工艺系统存在的诸多误差和其他因素的影响带来的加工误差,致使一批完工工件的实际几何参数存在着差异。实际上,即使在相同的加工条件下,一批完工工件的几何参数也各不相同。通常,一批工件的尺寸变动称为尺寸误差。随着制造技术水平的提高,加工时,可以减小尺寸误差,但永远不可能消除尺寸误差。

加工误差可分为以下几种:

(1) 尺寸误差。尺寸误差是指一批工件的尺寸变动量,即加工后零件的实际尺寸和理想尺寸之差。例如直径误差、孔距误差等。

(2) 形状误差。形状误差是指零件加工后实际表面形状对理想表面形状的变动量或偏离程度。例如直线度、平面度、圆度、圆柱度等。

(3) 位置误差。位置误差是指加工后零件的实际表面、轴线或对称平面之间的相互位置相对于其理想位置的变动量或偏离程度。例如垂直度、对称度等。

(4) 表面粗糙度。表面粗糙度是指零件加工表面具有的较小间距和微小峰谷所形成的微观几何形状误差。

1.3.2　公差

公差是指零件的尺寸、几何形状和相互位置误差允许变动的范围,用以限制加工误差。公差是由设计人员根据产品的使用性能要求给定的,它反映了一批工件对制造精度及经济性的要求,并体现了加工的难易程度,公差越小,加工越困难,生产成本越高。对于机械制造来说,建立各种几何参数公差标准的目的就是为了确定产品的几何参数,使其变动量控制一定的误差范围之内,以便达到互换或配合的要求。

1.4　标准化与标准

1.4.1　标准化和标准的含义

在实行互换性生产过程中,要求分散的工厂、车间等局部的生产部门和生产环节之间在技术上保证一定的协调统一,形成一个有机的整体。而标准化正式实现这一要求的一项重要技术保证。

1. 标准化

国家标准《标准化工作指南 第 1 部分:标准化和相关活动的通用词汇》(GB/T 20000.1—2002)中对标准化作出了定义:为了在一定范围内获得最佳秩序,对现实问题或潜在问题制定共同使用和重复使用的规则的活动,即制定、发布及实施标准的过程,称为标准化。标准化的重要意义是改进产品、过程和服务的适用性,防止贸易壁垒,促进技术合作。

2. 标准

标准是标准化的主要体现形式。国家标准《标准化工作指南 第 1 部分:标准化和相关活动的通用词汇》(GB/T 20000.1—2002)中对标准作出了定义:为了在一定范围内获得最佳秩序,经协商一致制定并由公认机构批准,共同使用的和重复使用的一种规范性文件。标准宜以科学、技术的综合成果为基础,以促进最佳的共同效益为目的来协调制定。在执行过程中,要根据实际使用情况,不断进行修订和更新。

1.4.2 标准的分类

标准的制定和类型按使用范围划分有国际标准、区域标准、国家标准、专业标准、地方标准、企业标准;按内容划分有基础标准(一般包括名词术语、符号、代号、机械制图、公差与配合等)、产品标准、辅助产品标准(工具、模具、量具、夹具等)、原材料标准、方法标准(包括工艺要求、过程、要素、工艺说明等);按成熟程度划分有法定标准、推荐标准、试行标准、标准草案。《中华人民共和国标准化法》将我国标准分为国家标准(GB)、行业标准、地方标准、企业标准(QB)四级。

1.4.3 标准的制定

国际标准由国际标准化组织(ISO)理事会审查,ISO 理事会接纳国际标准并由中央秘书处颁布;国家标准在中国由国务院标准化行政主管部门制定,行业标准由国务院有关行政主管部门制定,企业生产的产品没有国家标准和行业标准的,应当制定企业标准,作为组织生产的依据,并报有关部门备案。法律对标准的制定另有规定,依照法律的规定执行。制定标准应当有利于合理利用国家资源,推广科学技术成果,提高经济效益,保障安全和人民身体健康,保护消费者的利益,保护环境,有利于产品的通用互换及标准的协调配套等。

1.5 优先数与优先数系

工程上各种技术参数的简化、协调和统一是标准化的一项重要内容。在产品设计和制订技术标准时,涉及很多技术参数,这些技术参数在生产各环节中往往不是孤立的。当选定一个数值作为某种产品的参数指标后,这个数值就会按一定的规律向一切相关的制品、材料等有关参数指标传播扩散。例如,动力机械的功率和转速数值确定后,不仅会传播到有关机器的相应参数上,而且必然会传播到其本身的轴、轴承、键、齿轮、联轴器等一整套零部件的尺寸和材料特性参数上,传播到加工和检验这些零部件的刀具、量具、夹具及专用机床的相应参数上;螺栓的直径确定后,不仅会传播到螺母的内径上,也会传播到加工这些螺纹的刀具上,传播到检测这些螺纹的量具及装配它们的工具上。这些技术参数的传播,在生产实际中是极为普遍的现象。而工程技术上的参数数值，即使只有很小的差别，经过多次传播以后，也会造成尺寸规格的繁多杂乱。如果随意取值，势必给组织生产、协作配套和设备维修带来很大困难。因此，在生产中，为了满足用户各种各样的需求，同一种产品的同一参数就要从大到小取不同的值，从而形成不同规格的产品系列，系列确定的是否合理，与所取的数值如何分级直接相关。

优先数系由一些十进制等比数列构成。所谓十进，即等比数列中包括 1、10、100、…、0.1、0.01、0.001、…、10 - n 这些数。按 1 - 10、10 - 100、…和 1 - 0.1、0.1 - 0.01、…划分区间，称为十进段。公比为 $q_r = \sqrt[r]{10}$，r 为每个十进段内的项数。国家标准《优先数和优先数系》（GB/T 321—2005）与国际标准 ISO 3、ISO 17、ISO 497 采用的优先数系相同，规定的 r 值有 5、10、20、40、80 五种，分别采用国际代号 R5、R10、R20、R40、R80 表示。五种优先数系的公比如下：

R5 系列：$q_5 = \sqrt[5]{10} \approx 1.60$

R10 系列：$q_{10} = \sqrt[10]{10} \approx 1.25$

R20 系列：$q_{20} = \sqrt[20]{10} \approx 1.12$

R40 系列：$q_{40} = \sqrt[40]{10} \approx 1.06$

R80 系列：$q_{80} = \sqrt[80]{10} \approx 1.03$

其中，优先数系中的每一个数（项值）即为优先数。每个优先数系可从 1 开始，可向大于 1 和小于 1 两边无限延伸，每个十进区间各有 r 个优先数。优先数系的应用范围很广，适用于各种尺寸、参数的系列化和质量指标的分级，对保证各种工业产品品种、规格的合理简化分档和协调具有重大的意义。选用基本系列时，应遵循先疏后密的原则，优先选用公比大的系列，以免规格太多。

由于优先数系的五个数列都是无理数，工程技术上不便直接适应，实际应用时均采用理论公比经圆整后的近似值。根据圆整的精确程度可分为计算值和常用值。计算值是对理论值取五位有效数字的近似值，作参数系列的精确计算时可以代替理论值；常用值是经常使用的优先数，取有效数字。优先数系基本系列如表 1 - 1 所示。

优先数系的应用实例很多，几何公差、表面粗糙度等都采用优先数系。优先数和优先数系是一种科学的数值制度，也是国际上统一的数值分级制度，它不仅适用于标准的制订，也适用于标准制订前的规划、设计，从而把产品品种的发展一开始就引向科学的标准化轨道，因此，优先数系是国际上统一的一个重要的基础标准。

表 1 - 1　优先数系基本系列

基本系列（常用值）				序号	理　论　值		基本系列和计算值间的相对误差/%
R5	R10	R20	R40		对数尾数	计数值	
1.00	1.00	1.00	1.00	0	000	1.000 0	0
			1.06	1	025	1.059 3	+ 0.07
		1.12	1.12	2	050	1.122 0	- 0.18
			1.18	3	075	1.188 5	- 0.71

基本系列（常用值）				序号	理 论 值		基本系列和计算值
R5	R10	R20	R40		对数尾数	计数值	间的相对误差/%
	1.25	1.25	1.25	4	100	1.258 9	−0.71
			1.32	5	125	1.333 5	−1.01
		1.40	1.40	6	150	1.412 5	−0.88
			1.50	7	175	1.496 2	+0.25
1.60	1.60	1.60	1.60	8	200	1.584 9	+0.95
			1.70	9	225	1.678 8	+1.26
		1.80	1.80	10	250	1.778 3	+1.22
			1.90	11	275	1.883 6	+0.87
	2.00	2.00	2.00	12	300	1.995 3	+0.24
			2.12	13	325	2.113 5	+0.31
		2.24	2.24	14	350	2.238 7	+0.06
			2.36	15	375	2.371 4	−0.48
2.50	2.50	2.50	2.50	16	400	2.511 9	−0.47
			2.65	17	425	2.660 7	−0.40
		2.80	2.80	18	450	2.818 4	−0.65
			3.00	19	475	2.985 4	+0.49
	3.15	3.15	3.15	20	500	3.162 3	−0.39
			3.35	21	525	3.349 7	+0.01
		3.55	3.55	22	550	3.548 1	+0.05
			3.75	23	575	3.758 4	−0.22
4.00	4.00	4.00	4.00	24	600	3.981 1	+0.47
			4.25	25	625	4.217 0	+0.78
		4.50	4.50	26	650	4.466 8	+0.74
			4.75	27	675	4.731 5	+0.39
	5.00	5.00	5.00	28	700	5.011 9	−0.24
			5.30	29	725	5.308 8	−0.17
		5.60	5.60	30	750	5.623 4	−0.42
			6.00	31	775	5.956 6	+0.73
6.30	6.30	6.30	6.30	32	800	6.390 6	−0.15
			6.70	33	825	6.683 4	+0.25
		7.10	7.10	34	850	7.079 5	+0.29
			7.50	35	875	7.498 9	+0.01

续表

基本系列(常用值)				序号	理　论　值		基本系列和计算值
R5	R10	R20	R40		对数尾数	计数值	间的相对误差/%
	8.00	8.00	8.00	36	900	7.943 3	+ 0.71
			8.50	37	925	8.414 0	+ 1.02
		9.00	9.00	38	950	8.912 5	+ 0.98
			9.50	39	975	9.440 6	+ 0.63
10.00	10.00	10.00	10.00	40	000	10.000 0	0

本章小结

1. "公差配合与技术测量"是机械类专业重要的核心专业基础课程。主要讲授互换性原理和有关标准化规定;零件的几何量精度及其相互配合的基本知识和几何量检测的基本技术。

2. 互换性是指在同一规格的一批零件或部件中,任取其一,不需任何挑选调整或附加修配就能进行装配,并能保证满足机械产品的使用性能要求的一种特性。根据互换零件是否是标准件分为外互换和内互换。按互换程度又可分为完全互换和不完全互换。互换性可以提高生产率,有利于专业化大生产,缩短维修时间,降低生产成本。

3. 在加工过程中,由于机床、夹具、刀具、工件组成的工艺系统存在的诸多误差和其他因素的影响带来的加工误差,致使一批完工工件的实际几何参数存在着差异。加工误差可以减小,但永远不可能消除。

4. 公差是指零件的尺寸、几何形状和相互位置误差允许变动的范围,用以限制加工误差。公差是由设计人员根据产品的使用性能要求给定,它反映了一批工件对制造精度及经济性的要求,并体现了加工难易程度。

5. 为了在一定范围内获得最佳秩序,对现实问题或潜在问题制定共同使用和重复使用的规则的活动,即制定、发布及实施标准的过程,称为标准化。标准化可以改进产品、过程和服务的适用性,防止贸易壁垒,促进技术合作。标准是标准化的主要体现形式。标准按使用范围划分有国际标准、区域标准、国家标准、专业标准、地方标准、企业标准;按内容划分有基础标准、产品标准、辅助产品标准、原材料标准、方法标准;按成熟程度划分有法定标准、推荐标准、试行标准、标准草案。

6. 优先数系由一些十进制等比数列构成。其公比为 $q_r = \sqrt[r]{10}$, r 为每个十进段内的项数。国家标准采用的优先数系有 R5、R10、R20、R40、R80 五种。其中,优先数系中的每一个数(项值)即为优先数。

练习题

1-1 互换性的含义和作用是什么? 完全互换和不完全互换的区别在哪? 请举出两项采用了互换性的应用实例。

1-2 加工误差和公差的含义是什么? 它们之间有哪些联系?

1-3 标准化的含义是什么? 标准的有哪些类别? 我国的技术标准分为哪几类?

1-4 什么是优先数系和优先数? 确定优先数系的意义何在? 试写出 R10 系列 250 ~ 3 150 的优先数系。

第 **2** 章　光滑圆柱体结合的极限与配合

学习目标

1. 掌握有关尺寸、偏差及配合的基本概念及定义。
2. 熟练掌握公差带图的绘制，并能进行公差类别的判定。
3. 了解公差与配合国家标准的组成与特点。
4. 掌握公差与配合的选用。

2.1　极限与配合的基本术语和定义

光滑圆柱体结合是机械产品广泛采用的一种结合形式，通常指孔与轴的结合。为使加工后的孔与轴能满足互换性要求，必须在结构设计中统一其公称尺寸，在尺寸精度设计中采用极限与配合标准。因此，圆柱体结合的极限与配合标准是一项最基本、最重要的标准。

2.1.1　孔和轴

1. 孔

孔主要指工件圆柱形的内表面，也包括其他由单一尺寸确定的非圆柱形的内表面部分（由两平行平面或切面形成的包容面）。

2. 轴

轴主要指工件的圆柱形外表面，也包括其他由单一尺寸确定的非圆柱外表面部分（由两平行平面或切面形成的被包容面）。

从工艺上看，随着工件表面材料的去除，孔的尺寸不断加大，轴的尺寸不断减小，而且在测量方法上，孔与轴的尺寸也有所不同。

在公差与配合标准中，孔是包容面，轴是被包容面，孔与轴都是由单一的主要尺寸的构成，例如，圆柱形的直径、轴的键槽宽和键的键宽等，如图 2-1 所示。

孔和轴具有广泛的含义，不仅表示通常的概念，即圆柱体的内、外表面，而且也表示由两平行平面或切面形成的包容面和被包容面。由此可见，除孔、轴以外，类似键联结的极限与配合也可直接应用公差与配合国家标准。

2.1.2　尺寸、公称尺寸、实际尺寸、极限尺寸

1. 尺寸

用特定单位表示长度值的数字称为尺寸。一般是指两点之间的距离，例如，直径、宽度、高

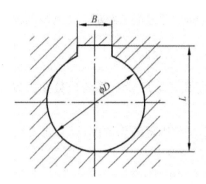
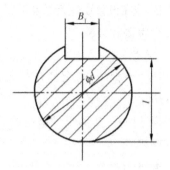

图 2 - 1　孔和轴

度和中心距等。在机械制造中常用毫米(mm)作为特定单位。在图样上或标注尺寸时,通常只写数字不写单位。

2. 公称尺寸

设计给定的尺寸(孔 D,轴 d)称为公称尺寸(见 GB/T 1801—2009,取代 GB/T 1801—199中的"基本尺寸")。通常有配合关系的孔和轴的公称尺寸相同。

公称尺寸是在设计中根据运动、强度、结构等要求经计算、化整后确定的。公称尺寸应尽量按照标准尺寸系列选取,它是尺寸精度设计中用来确定极限尺寸和偏差的一个基准,并不是实际加工要求得到的尺寸。

3. 实际尺寸

通过测量所得的尺寸(D_a,d_a)称为实际尺寸。但由于加工误差的存在,即使在同一零件上,测量的部位不同、方向不同,其实际尺寸也往往不相等,况且测量时还存在着测量误差,所以实际尺寸并非真值。

4. 极限尺寸

允许尺寸变化的两个极限值,基本极限值较大者称为上极限尺寸(D_{max},d_{max}),基本极限值较小者称为下极限尺寸(D_{min},d_{min}),如图 2 - 2 所示。GB/T 1801—2009 中,"上极限尺寸"和"下极限尺寸"取代 GB/T 1801—1999 中的"最大极限尺寸"和"最小极限尺寸"。

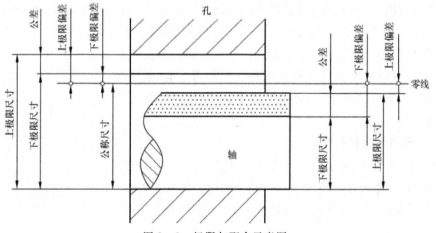

图 2 - 2　极限与配合示意图

极限尺寸是在设计中确定公称尺寸的同时,考虑加工经济性并满足某种使用要求而确定的。

2.1.3　尺寸偏差和公差

1.尺寸偏差

尺寸偏差(简称偏差)为某一尺寸减去其公称尺寸所得的代数差。偏差分为实际偏差和极限偏差两种。

(1)实际偏差。实际尺寸减去其公称尺寸所得的代数差,以公式表示如下:

孔的实际偏差 $\qquad\qquad\qquad E_a = D_a - D$

轴的实际偏差 $\qquad\qquad\qquad e_a = d_a - d$

(2)极限偏差。极限尺寸减去其公称尺寸所得的代数差。其中上极限尺寸与公称尺寸之差称为上极限偏差(ES,es),下极限尺寸与公称尺寸之差称为下极限偏差(EI,ei),如图 2-2 所示。GB/T 1801—2009 中,"上极限偏差"和"下极限偏差"取代 GB/T 1801—1999 中的"上偏差"和"下偏差"。以公式表示如下:

孔的上极限偏差: $\qquad\qquad ES = D_{max} - D$

轴的上极限偏差: $\qquad\qquad es = d_{max} - d$

孔的下极限偏差: $\qquad\qquad EI = D_{min} - D$

轴的下极限偏差: $\qquad\qquad ei = d_{min} - d$

注:偏差为代数值,可能为正值、负值或零。极限偏差用于控制实际偏差。完工后零件尺寸的合格条件常用偏差关系表示:

孔合格的条件: $\qquad\qquad EI \leqslant E_a \leqslant ES$

轴合格的条件: $\qquad\qquad ei \leqslant e_a \leqslant es$

2.尺寸公差 T

尺寸公差(简称公差)是上极限尺寸与下极限尺寸代数差的绝对值,或者是上极限偏差与下极限偏差代数差的绝对值,如图 2-2 所示。用公式表示如下:

孔的公差: $\quad T_h(\text{孔的公差}) = |D_{max} - D_{min}| = |ES - EI|$

轴的公差: $\quad T_s(\text{轴的公差}) = |d_{max} - d_{min}| = |es - ei|$

必须指出:公差与偏差是两种不同的概念。从工艺上讲,公差大小决定了允许尺寸变动范围的大小。若公差值大,则允许尺寸变动范围大,因而要求加工精度低;相反,若公差值小,则允许尺寸变动范围小,因而要求加工精度高。而极限偏差表示每个零件寸心允许变动的极限值,是判断零件尺寸是否合格的依据。从作用上看,极限偏差用于控制实际偏差,影响配合的松紧,而公差则影响配合的精度。

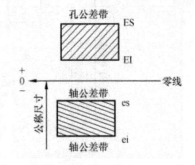

图 2-3　公差带图

2.1.4　零线和公差带图解

前述有关尺寸、极限偏差及公差是利用图 2-2 所示极限与配合示意图进行分析的,可见公差的数值比公称尺寸的数值小得多,不能用同一比例画在一张示意图上,故采用简明的极限与配合图解(简称公差带图)来表示,如图 2-3 所示。

1. 零线

在公差带图中,确定偏差的一条直准直线称为零线。通常以零线表示公称尺寸,偏差由此零线算起,零线以上为正偏差,零线以下为负偏差。

2. 尺寸公差带

在公差带图中,由代表上、下极限偏差的两条直线所限定的区域称为尺寸公差带(简称公差带)。公差带在垂直零线方向的宽度代表公差值,上线表示上极限偏差,下线表示下极限偏差。公差带沿零线方向长度可适当选取。在图 2 - 3 中所示公差带图中,尺寸单位为毫米(mm),偏差及公差的单位也可用微米(μm)表示,单位省略不写。

2.1.5　配合和配合公差

1. 配合

配合是指公称尺寸相同的相互结合的孔与轴公差带之间的关系。

用孔的尺寸减去与其相配合的轴的尺寸所得的代数差,当此值为正时称为间隙,此值为负时称为过盈。

根据零件间的要求,国家标准将配合分为间隙配合、过盈配合和过渡配合三类。

(1)间隙配合。孔的公差带在轴的公差带之上,具有间隙的配合(包括最小间隙为零的配合),称为间隙配合,如图 2 - 4 所示。

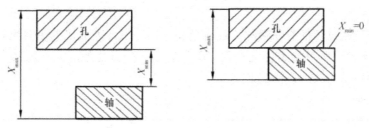

图 2 - 4　间隙配合

间隙配合的性质用最大间隙 X_{max}、最小间隙 X_{min} 和平均间隙 X_{av} 表示。计算公式如下:

$$X_{max} = D_{max} - d_{min} = ES - ei$$

$$X_{min} = D_{min} - d_{max} = EI - es$$

$$X_{av} = (X_{max} + X_{min})/2$$

(2)过盈配合。孔的公差带在轴的公差带之下,具有过盈的配合(包括最小过盈为零的配合),称为过盈配合,如图 2 - 5 所示。

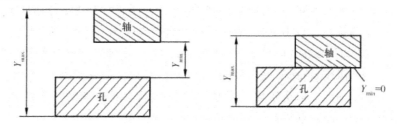

图 2 - 5　过盈配合

过盈配合的性质可用最小过盈 Y_{min}、最大过盈 Y_{max} 和平均过盈 Y_{av} 来表示。计算公式如下：

$$Y_{min} = D_{max} - d_{min} = ES - ei$$

$$Y_{max} = D_{min} - d_{max} = EI - es$$

$$Y_{av} = (Y_{max} + Y_{min})/2$$

（3）过渡配合。孔的公差带与轴的公差带相互交叠,可能具有间隙或者过盈的配合,称为过渡配合,如图 2-6 所示。它是介于间隙配合与过盈配合之间的一类配合,但其间隙与过盈都不大。

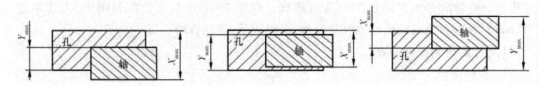

图 2-6　过渡配合

过渡配合的性质用最大间隙 X_{max}、最大过盈 Y_{max} 和平均间隙 X_{av} 或平均过盈 Y_{av} 来表示。计算公式如下：

$$X_{max} = D_{max} - d_{min} = ES - ei$$

$$Y_{max} = D_{min} - d_{max} = EI - es$$

$$X_{av}(或 Y_{av}) = (X_{max} + Y_{max})/2$$

2. 配合公差

允许间隙或过盈的变动量称为配合公差。它是设计人员根据机器配合部位使用性能的要求,对松紧变动的程度给定的允许值,用 T_f 表示。配合公差的大小为极限间隙或极限过盈之代数差的绝对值,其计算公式如下：

间隙配合：$\qquad T_f = |X_{max} - X_{min}| = X_{max} - X_{min}$

过盈配合：$\qquad T_f = |Y_{min} - Y_{max}| = Y_{min} - Y_{max}$

过渡配合：$\qquad T_f = |X_{max} - Y_{max}| = X_{max} - Y_{max}$

将最大、最小间隙和最大、最小过盈分别用孔、轴极限尺寸或极限偏差换算后代入上述三个式子中,得出三类配合的配合公差都为

$$T_f = T_h + T_s$$

即配合公差等于相配合孔的公差与轴的公差之和。

当公称尺寸一定时,配合公差的大小反映了配合精度的高低,而孔公差和轴公差则分别表示孔和轴的加工精度。配合件配合精度取决于零件的加工精度,若要提高配合精度,使配合后间隙或过盈的变化范围减小,则应减小零件的公差,即需要提高零件的加工精度。

配合公差的特性也可用图 2-7 所示的配合公差带图来表示。零线以上的纵坐标为正值,代表间隙;零线以下的纵坐标为负值,代表过盈;符号 Ⅱ 代表配合公差带。配合公差带完全处在零线以上为间隙配合;完全处在零线以下为过盈配合;跨在零线上、下两侧则为过渡配合。

配合公差带的大小取决于配合公差的大小,配合公差带相对于零线的位置取决于极限间隙或极限过盈的大小。前者表示配合精度,后者表示配合的松紧。

【例 2-1】　若已知某配合的公称尺寸为 $\phi60$ mm,配合公差 $T_f = 49$ μm,最大间隙 $X_{max} = 19$ μm,孔的公差 $T_h = 30$ μm,轴的下极限偏差 ei $= +11$ μm,试画出该配合的尺寸公差带图与

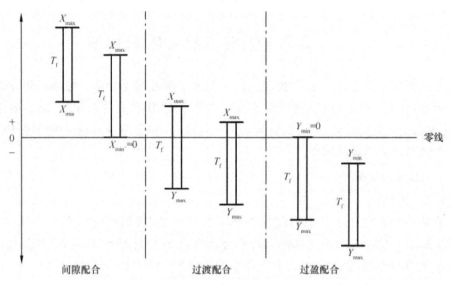

图 2 - 7　配合公差带

配合公差带图，并说明配合类别。

解:① 求孔与轴的极限偏差。

因为 $T_f = T_h + T_s$，所以

$$T_s = T_f - T_h = (49 - 30) \ \mu m = 19 \ \mu m$$
$$es = T_s + ei = (19 + 11) \ \mu m = 30 \ \mu m$$

因为 $X_{max} = ES - ei$，所以

$$ES = X_{max} + ei = (19 + 11) \ \mu m = 30 \ \mu m$$
$$EI = ES - T_h = (30 - 30) \ \mu m = 0 \ \mu m$$

因为 $ES > ei$，且 $EI < es$，所以此配合为过渡配合。

② 求最大过盈。

因为 $T_f = X_{max} - Y_{max}$，所以

$$Y_{max} = X_{max} - T_f = (19 - 49) \ \mu m = -30 \ \mu m$$

③ 画出尺寸公差带图和配合公差带图。

公差带图与配合公差带图如图 2 - 8 所示。

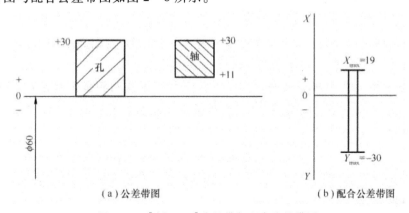

（a）公差带图　　　　　　（b）配合公差带图

图 2 - 8　【例 2 - 1】公差带与配合公差带图

2.2 极限与配合国家标准

为了实现互换性和满足各种使用要求,极限与配合国家标准对形成各种配合的公差带进行了标准化,它的基本组成包括"标准公差系列"和"基本偏差系列"。前者确定公差带的大小,后者确定公差的位置,两者结合构成了不同的孔、轴公差带;而孔、轴公差带之间不同的相互关系则形成了不同的配合。

2.2.1 标准公差系列

1. 公差等级

公差等级是确定尺寸精确程度的等级。国家标准《极限与配合 第1部分:公差、偏差和配合的基础》(GB/T 1800.3—2009)将标准公差分为20个公差等级,用IT(国际公差ISO Tolerance的缩写)和阿拉伯数字组成的代号表示,按顺序为IT01、IT 0、IT1、IT2、…、IT18,等级依次降低,标准公差值依次增大。

2. 标准公差值

公差值的大小与公差等级及公称尺寸有关。计算公差值分以下三段进行。

(1) IT01 ~ IT1的公差值。IT01、IT0、IT1的公差值比较小,主要考虑测量误差的影响,其公差计算采用线性关系式:$IT = A + BD$,D为公称尺寸,常数A与系数B均采用优先数系的派生系列R10/2。

(2) IT2 ~ IT4的公差值。IT2 ~ IT4的公差值是在IT1与IT5之间按等比级数插入,即IT2 $= IT1 \times q_1$,$IT3 = IT1 \times q_2$,…,其公比 $q = \left(\dfrac{IT5}{IT1}\right)^{\frac{1}{4}}$。

(3) IT5 ~ IT18的公差值。

① 当公称尺寸小于或等于500 mm时,公差值的计算公式为$IT = ai$;当公称尺寸 > 500 ~ 3 150 mm时,其计算公式为$IT = aI$,其中IT为标准公差,a为公差等级系数,i和I为公差单位。

公差等级系数a:在公称尺寸一定的情况下,公差等级系数a的大小反映了加工的难易程度,为了使公差值标准化,除了IT5的公差等级系数$a = 7$以外,IT6 ~ IT18公差等级系数a采用了R5优先数系,即公比 $q_5 = \sqrt[5]{10} = 1.6$ 的等比数列,每隔5项公差数值增加至10倍。

公差单位(i, I):用于确定标准公差的基本单位,是制定标准公差数值的基础。由大量的试验与统计分析得知,公差单位是公称尺寸D的函数。

② 当公称尺寸≤500 mm时,公差单位i与加工误差和测量误差有关,而加工误差与公称尺寸近似成立方根关系;测量误差(主要是温度变化引起的)与公称尺寸近似成线性关系,其计算公式为

$$i = 0.45 \sqrt[3]{D} + 0.001D \quad (\mu m)$$

前项反映了加工误差的影响,是主要影响因素;后项用于补偿由于温度不稳定和量规变形等引起的测量误差。

③ 当公称尺寸为500 ~ 3 150 mm时,由于公称尺寸的增大,测量误差成为主要影响,而测

量误差与公称尺寸近似成线性关系,其计算公式为

$$I = 0.004D + 2.1 \quad (\mu m)$$

前项为测量误差;后项常数 2.1 为尺寸间的衔接关系常数。

公称尺寸小于或等于 500 mm 标准公差的计算式如表 2 - 1 所示;公称尺寸为 500 ~ 3150 mm,公差值可按公式 $IT = aI$ 计算,方法与公称尺寸小于或等于 500 mm 相同,不再赘述。

表 2 - 1　公称尺寸小于或等于 500 mm 的标准公差计算式

公称尺寸 /mm		标准公差等级																
		IT1	IT2	IT3	IT4	IT5	IT6	IT7	IT8	IT9	IT10	IT11	IT12	IT13	IT14	IT15	IT16	IT17	IT18
大于	至	标准公差计算公式/μm																
—	500	—	—	—	—	7i	10i	16i	25i	40i	64i	100i	160i	250i	400i	640i	1 000i	1 600i	2 500i
500	3 150	2I	2.7I	3.7I	5I	7I	10I	16I	25I	40I	64I	100I	160I	250I	400I	640I	1 000I	1 600I	2 500I

注:1. 公称尺寸小于 500 mm 的 IT1 ~ IT4 的标准公差计算见相关国家标准。

2. 从 IT6 起,其规律为每增 5 个等级,标准公差增加至 10 倍,也可用于延伸超过 IT8 的 IT 等级。

3. 尺寸分段

根据表 2 - 1 所示的标准公差的计算式可知,有一个公称尺寸就应该有一个相应的公差值。生产实践中的公称尺寸很多,这样就形成了一个庞大的公差数值表,给设计和生产带来很大的困难。实践证明公差等级相同而公称尺寸相近的公差数值差别不大。因此,为简化公差数值表格,便于使用,国家标准(GB/T 1800.3—2009)将小于或等于 3 150 mm 的公称尺寸分成多个尺寸段。这样的尺寸段称为主段落。但考虑到某些配合(例如,过盈配合)对尺寸变化很敏感,故在一个主段落中又细分成 2 ~ 3 个中间段落,以供确定基本偏差时使用。公称尺寸分段如表 2 - 2 所示。

在标准公差以及以后的基本偏差的计算公式中,公称尺寸 D 一律以所属尺寸分段($> D_1 - D_n$)内的首尾两个尺寸的几何平均值 $D_j [D_j = (D_1 D_n)^{1/2}]$ 进行计算。

表 2 - 2　公称尺寸小于或等于 3 150 mm 的尺寸分段　　　　　　(单位:mm)

主段落		中间段落		主段落		中间段落	
大于	至	大于	至	大于	至	大于	至
	3	无细分段		50	80	50	65
3	6					65	80
6	10			80	120	80	100
10	18	10	14			100	120
		14	18	120	180	120	140
18	30	18	24			140	160
		24	30			160	180
30	50	30	40	180	250	180	200
		40	50			200	225
						225	250

主段落		中间段落		主段落		中间段落	
大于	至	大于	至	大于	至	大于	至
250	315	250	280	1 000	1 250	1 000	1 120
		280	315			1 120	1 250
315	400	315	355	1 250	1 600	1 250	1 400
		355	400			1 400	1 600
400	500	400	450	1 600	2 000	1 600	1 800
		450	500			1 800	2 000
500	630	500	560	2 000	2 500	2 000	2 240
		560	630			2 240	2 500
630	800	630	710	2 500	3 150	2 500	2 800
		710	800			2 800	3 150
800	1 000	800	900				
		900	1 000				

这样,一个尺寸段内只有一个公差数值,极大地简化了公差表格(对于尺寸小于或等于 3 mm 的)尺寸段,$D_j = \sqrt{1 \times 3}$)。

【例 2 - 2】 公称尺寸 m 分段为 >18 ~ 30 mm,计算确定 IT7 级的标准公差数值。

解:
$$D = \sqrt{18 \times 30} \ \text{mm} \approx 23.24 \ \text{mm}$$
$$I = 0.45 \sqrt[3]{D} + 0.001D = (0.45 \times \sqrt[3]{23.24} + 0.001 \times 23.24) \ \mu m \approx 1.31 \ \mu m$$

查表 2 - 1 可得,IT7 = $16i$ = 16×1.31 μm = 20.96 μm

经尾数圆整,则得,IT7 = 21 μm。

在公称尺寸和公差数值已定的情况下,按标准公差计算公式计算出相应的公差值,并按国家标准的有关规定对尾数圆整,最后编出标准公差数值表(见表 2 - 3),供设计时查用。

表 2 - 3 标准公差数值(GB/T 1800.3—2009)

公称尺寸 /mm		标准公差等级																	
大于	至	IT1	IT2	IT3	IT4	IT5	IT6	IT7	IT8	IT9	IT10	IT11	IT12	IT13	IT14	IT15	IT16	IT17	IT18
		μm											mm						
—	3	0.8	1.2	2	3	4	6	10	14	25	40	60	0.1	0.14	0.25	0.4	0.6	1	1.4
3	6	1	1.5	2.5	4	5	8	12	18	30	48	75	0.12	0.18	0.3	0.48	0.75	1.2	1.8
6	10	1	1.5	2.5	4	6	9	15	22	36	58	90	0.15	0.22	0.36	0.58	0.9	1.5	2.2
10	18	1.2	2	3	5	8	11	18	27	43	70	110	0.18	0.27	0.43	0.7	1.1	1.8	2.7
18	30	1.5	2.5	4	6	9	13	21	33	52	84	130	0.21	0.33	0.52	0.84	1.3	2.1	3.3
30	50	1.5	2.5	4	7	11	16	25	39	62	100	160	0.25	0.39	0.62	1	1.6	2.5	3.9
50	80	2	3	5	8	13	19	30	46	74	120	190	0.3	0.46	0.74	1.2	1.9	3	4.6
80	120	2.5	4	6	10	15	22	35	54	87	140	220	0.35	0.54	0.87	1.4	2.2	3.5	5.4
120	180	3.5	5	8	12	18	25	40	63	100	160	250	0.4	0.63	1	1.6	2.5	4	6.3

公称尺寸 /mm		标准公差等级																	
		IT1	IT2	IT3	IT4	IT5	IT6	IT7	IT8	IT9	IT10	IT11	IT12	IT13	IT14	IT15	IT16	IT17	IT18
大于	至	μm											mm						
180	250	4.5	7	10	14	20	29	46	72	115	185	290	0.46	0.72	1.15	1.85	2.9	4.6	7.2
250	315	6	8	12	16	23	32	52	81	130	210	320	0.52	0.81	1.3	2.1	3.2	5.2	8.1
315	400	7	9	13	18	25	36	57	89	140	230	360	0.57	0.89	1.4	2.3	3.6	5.7	8.9
400	500	8	10	15	20	27	40	63	97	155	250	400	0.63	0.97	1.55	2.5	4	6.3	9.7
500	630	9	11	16	22	32	44	70	110	175	280	440	0.7	1.1	1.75	2.8	4.4	7	11
630	800	10	13	18	25	36	50	80	125	200	320	500	0.8	1.25	2	3.2	5	8	12.5
800	1 000	11	15	21	28	40	56	90	140	230	360	560	0.9	1.4	2.3	3.6	5.6	9	14
1 000	1 250	13	18	24	33	47	66	105	165	260	420	660	1.05	1.65	2.6	4.2	6.6	10.5	16.5
1 250	1 600	15	21	29	39	55	78	125	195	310	500	780	1.25	1.95	3.1	5	7.8	12.5	19.5
1 600	2 000	18	25	35	46	65	92	150	230	370	600	920	1.5	2.3	3.7	6	9.2	15	23
2 000	2 500	22	30	41	55	78	110	175	280	440	700	1 100	1.75	2.8	4.4	7	11	17.5	28
2 500	3 150	26	36	50	68	96	135	210	330	540	850	1 350	2.1	3.3	5.4	8.6	13.5	21	33

注:1. 公称尺寸大于 500 mm 的 IT1~IT5 的标准公差数值为试行的。

　　2. 公称尺寸小于或等于 1 mm 时,无 IT14~IT18。

　　3. IT01 和 IT0 在工业上很少用到,因此本表中未列。

2.2.2 基本偏差系列

如前所述,基本偏差的作用是确定公差带相对于零线的位置,原则上与公差等级无关。为了满足机器零件中各种不同性质和不同松紧程度的配合,必须将孔与轴的公差带位置标准化。为此,国家标准对孔与轴各规定了 28 个公差带位置,分别由 28 个基本偏差来确定。

1. 基本偏差代号

基本偏差代号用拉丁字母来表示,其中孔用大写字母表示,轴用小写字母表示,在 26 个拉丁字母中去除容易与其他含义混淆的五个字母:I、L、O、Q、W(i、l、o、q、w),同时增加七个双字母:CD、EF、FG、JS、ZA、ZB、ZC(cd、ef、fg、js、za、zb、zc),构成了 28 种基本偏差代号,它们分别形成孔、轴的基本偏差系列,如图 2-9 所示。

在孔的基本偏差系列中,代号 A~H 的基本偏差为下极限偏差 EI,其绝对值逐渐减小,其中 A~G 的 EI 为正值,H 的 EI=0;代号为 J~ZC 的基本偏差为上极限偏差 ES(除 J 外,一般为负值),绝对值逐步增大。代号为 JS 的公差带相对于零线对称分布,因此其基本偏差可以为上极限偏差 $ES = +\dfrac{IT}{2}$ 或下极限偏差 $EI = -\dfrac{IT}{2}$。

在轴的基本偏差系列中,代号 a~h 的基本偏差为上极限偏差 es,其绝对值也是逐渐减小,其中 a~g 的 es 为负值,h 的 es=0;代号为 j~zc 的基本偏差为下极限偏差 ei(除 j 外,一般为正值),绝对值也逐步增大。代号为 js 的公差带相对于零线对称分布,因此其基本偏差可以为

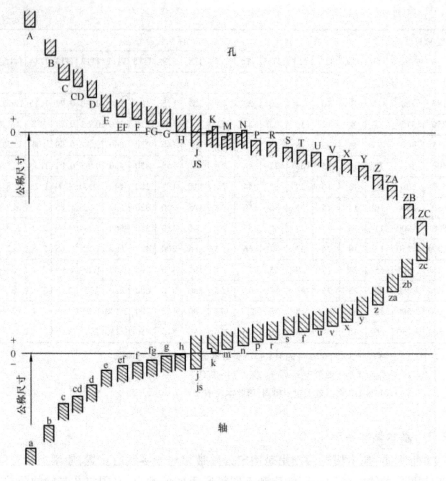

图 2 - 9　基本偏差系列

上极限偏差 $es = +\dfrac{IT}{2}$ 或下极限偏差 $ei = -\dfrac{IT}{2}$。

在基本偏差系列图中,仅绘出公差带的一端(由基本偏差决定),而公差带的另一端取决于标准公差值的大小。因此,任何一个公差带代号都由基本偏差代号和公差等级代号联合表示,例如孔的公差带代号 H7、G8,轴的公差带代号 h6、p6。

配合代号用孔、轴公差带代号的组合表示,写成分数形式,分子为孔的公差带代号,分母为轴的公差带代号。例如 $\dfrac{H7}{N6}$、$\dfrac{H8}{f7}$、$\dfrac{N8}{h7}$。

2. 基准制

(1)基孔制。基本偏差为一定的孔的公差带,与不同偏差的轴的公差带形成各种配合的一种制度,称为基孔制,如图 2 - 10 所示。

基孔制配合中的孔是基准件,称为基准孔,代号为 H,其基本偏差(下极限偏差)为 0,即 EI = 0,上极限偏差为带有正号的孔公差值。

(2)基轴制。基本偏差为一定的轴的公差带,与不同偏差的孔的公差带形成各种配合的

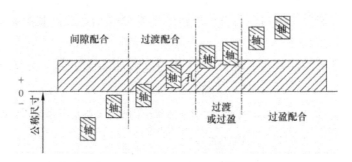

图 2 – 10　基孔制公差带图

一种制度,称为基轴制,如图 2 – 11 所示。

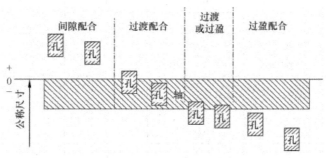

图 2 – 11　基轴制公差带图

基轴制配合中的轴是基准件,称为基准轴,代号为 h,其基本偏差(上极限偏差)为 0,即 es = 0,下极限偏差为带有负号的轴的公差值。

3. 基本偏差构成规律

(1)轴的基本偏差。轴的基本偏差数值是以基孔制配合为基础,根据各种配合要求,在生产实践和大量试验的基础上,依据统计分析的结果整理出一系列经验公式计算出后,按一定规则将尾数圆整而得。

在基孔制中,轴的基本偏差为 a ~ h,用于间隙配合,其基本偏差的绝对值正好等于最小间隙。

其中:a、b、c 用于大间隙或者热动配合,基本偏差采用与直径成正比的关系计算。

d、e、f 主要用于一般润滑条件下的旋转运动,为了保证良好的液体摩擦,最小间隙应与直径成平方根关系,但考虑到表面粗糙度的影响,间隙应适当减小,所以计算式中 D 的指数略小于 0.5。

g 主要用于滑动、定心或半液体摩擦的场合,要求间隙小,所以 D 的指数更要减小。

cd、ef、fg 基本偏差的绝对值分别按 c 与 d、e 与 f、f 与 g 基本偏差的绝对值的几何平均值确定。

j ~ n 与基孔制形成过渡配合,基本偏差的数值基本上是根据经验与统计的方法确定,采用了与直径成立方根的关系。其中 j 目前主要用于与滚动轴承相配合的孔与轴。

p ~ zc 用于过盈配合,常按所需的最小过盈和相配基准制孔的公差等级来确定基本偏差值。例如 p 常与 7 级基准孔相配合,要求最小过盈量为 0 ~ 5 μm,故基本偏差 = IT7 + (0 ~ 5)。又如公称尺寸小于或等于 50 mm 的 s 与 8 级基准孔相配合,要求 1 ~ 4 μm 最小过盈,故基本偏差 = IT8 + (1 ~ 4)。而 r 取 p 与 s 的几何平均值,其基本偏差 = $\sqrt{ps}$。50 mm 以上尺寸的 s ~ zc

各级基本偏差等于公差值加上与直径成线性关系的最小过盈。其中系数符合优先数系增长，规律性好，便于应用。

归纳以上各经验计算式可得表 2-4 所示公式，根据公式可计算出各种配合的轴和孔的基本偏差。

表 2-4 基本偏差尺寸小于或等于 500 mm 轴的基本偏差计算公式

基本偏差代号	适用范围	基本偏差 es/ μm	基本偏差代号	适用范围	基本偏差 ei/ μm
a	$D \leqslant 120$ mm	$-(265 + 1.3D)$	k	$\leqslant$ IT3 及 $\geqslant$ IT8	0
	$D > 120$ mm	$-3.5D$		IT4 ~ IT7	$0.6\sqrt[3]{D}$
b	$D \leqslant 160$ mm	$-(140 + 0.85D)$	m		$(IT7 - IT6)$
	$D > 160$ mm	$-1.8D$	n		$+5D^{0.34}$
c	$D \leqslant 140$ mm	$-52D^{0.2}$	p		$+IT7 + (0 \sim 5)$
	$D > 140$ mm	$-(95 + 0.8D)$	r		$+\sqrt{ps}$
cd		$-\sqrt{cd}$	s	$D \leqslant 50$ mm	$+IT8 + (1 \sim 4)$
d		$-16D^{0.44}$		$D \geqslant 51$ mm	$+IT7 + 0.4D$
e		$-16D^{0.41}$	t		$+IT7 + 0.63D$
ef		$-\sqrt{ef}$	u		$+IT7 + D$
f		$-5.5D^{0.41}$	v		$+IT7 + 1.25D$
fg		$-\sqrt{fg}$	x		$+IT7 + 1.6D$
g		$-2.5D^{0.34}$	y		$+IT7 + 2D$
h		0	z		$+IT7 + 2.5D$
j	IT5 ~ IT8	经验数据	za		$+IT7 + 3.15D$
js		$es = +IT/2$	zb		$+IT9 + 4D$
		或 $ei = -IT/2$	zc		$+IT10 + 5D$

在实际工作中，轴的基本偏差数值不必用公式计算，为方便使用，计算结果的数值已列成表，如表 2-5 所示。使用时可直接查表。当轴的基本偏差确定后，另一个极限偏差可根据轴的基本偏差和标准公差数值按下列关系计算。

下极限偏差：$ei = es - IT_s$

上极限偏差：$es = ei + IT_s$

（2）孔的基本偏差数值。孔的基本偏差数值是从同名轴的基本偏差数值抽象得出来的，换算原则是保证同名代号的孔和轴的基本偏差所组成的公差带，在基轴制和基孔制中分别与基准轴的基准孔相配合，两者的配合性质完全相同，即应保证两者有相同的极限间隙或极限过盈，例如，$\dfrac{H9}{f9}$ 与 $\dfrac{F9}{h9}$、$\dfrac{H7}{p6}$ 与 $\dfrac{H7}{p6}$。

表 2-5　轴的基本偏差数值表

（单位：μm）

注：js 的偏差 = ±$\dfrac{IT_n}{2}$

公称尺寸/mm 大于	至	a	b	c	cd	d	e	ef	f	fg	g	h	js	j (IT5和IT6)	j (IT7)	j (IT8)	k (IT4至IT7)	k (≤IT3、>IT7)	m	n	p	r	s	t	u	v	x	y	z	za	zb	zc
—	3	−270	−140	−60	−34	−20	−14	−10	−6	−4	−2	0	$\pm\frac{IT_n}{2}$	−2	−4	−6	0	0	+2	+4	+6	+10	+14		+18		+20		+26	+32	+40	+60
3	6	−270	−140	−70	−46	−30	−20	−14	−10	−6	−4	0		−2	−4		+1	0	+4	+8	+12	+15	+19		+23		+28		+35	+42	+50	+80
6	10	−280	−150	−80	−56	−40	−25	−18	−13	−8	−5	0		−2	−5		+1	0	+6	+10	+15	+19	+23		+28		+34		+42	+52	+67	+97
10	14	−290	−150	−95		−50	−32		−16		−6	0		−3	−6		+1	0	+7	+12	+18	+23	+28		+33		+40		+50	+64	+90	+130
14	18	−290	−150	−95		−50	−32		−16		−6	0		−3	−6		+1	0	+7	+12	+18	+23	+28		+33	+39	+45		+60	+77	+108	+150
18	24	−300	−160	−110		−65	−40		−20		−7	0		−4	−8		+2	0	+8	+15	+22	+28	+35		+41	+47	+54	+63	+73	+98	+136	+188
24	30	−300	−160	−110		−65	−40		−20		−7	0		−4	−8		+2	0	+8	+15	+22	+28	+35	+41	+48	+55	+64	+75	+88	+118	+160	+218
30	40	−310	−170	−120		−80	−50		−25		−9	0		−5	−10		+2	0	+9	+17	+26	+34	+43	+48	+60	+68	+80	+94	+112	+148	+200	+274
40	50	−320	−180	−130		−80	−50		−25		−9	0		−5	−10		+2	0	+9	+17	+26	+34	+43	+54	+70	+81	+97	+114	+136	+180	+242	+325
50	65	−340	−190	−140		−100	−60		−30		−10	0		−7	−12		+2	0	+11	+20	+32	+41	+53	+66	+87	+102	+122	+144	+172	+226	+300	+405
65	80	−360	−200	−150		−100	−60		−30		−10	0		−7	−12		+2	0	+11	+20	+32	+43	+59	+75	+102	+120	+146	+174	+210	+274	+360	+480
80	100	−380	−220	−170		−120	−72		−36		−12	0		−9	−15		+3	0	+13	+23	+37	+51	+71	+91	+124	+146	+178	+214	+258	+335	+445	+585
100	120	−410	−240	−180		−120	−72		−36		−12	0		−9	−15		+3	0	+13	+23	+37	+54	+79	+104	+144	+172	+210	+254	+310	+400	+525	+690
120	140	−460	−260	−200		−145	−85		−43		−14	0		−11	−18		+3	0	+15	+27	+43	+63	+92	+122	+170	+202	+248	+300	+365	+470	+620	+800
140	160	−520	−280	−210		−145	−85		−43		−14	0		−11	−18		+3	0	+15	+27	+43	+65	+100	+134	+190	+228	+280	+340	+415	+535	+700	+900
160	180	−580	−310	−230		−145	−85		−43		−14	0		−11	−18		+3	0	+15	+27	+43	+68	+108	+146	+210	+252	+310	+380	+465	+600	+780	+1000
180	200	−660	−340	−240		−170	−100		−50		−15	0		−12	−21		+4	0	+17	+31	+50	+77	+122	+166	+236	+284	+350	+425	+520	+670	+880	+1150
200	225	−740	−380	−260		−170	−100		−50		−15	0		−12	−21		+4	0	+17	+31	+50	+80	+130	+180	+258	+310	+385	+470	+575	+740	+960	+1250
225	250	−820	−420	−280		−170	−100		−50		−15	0		−12	−21		+4	0	+17	+31	+50	+84	+140	+196	+284	+340	+425	+520	+640	+820	+1050	+1350
250	280	−920	−480	−300		−190	−110		−56		−17	0		−16	−26		+4	0	+20	+34	+56	+94	+158	+218	+315	+385	+475	+580	+710	+920	+1200	+1550
280	315	−1050	−540	−330		−190	−110		−56		−17	0		−16	−26		+4	0	+20	+34	+56	+98	+170	+240	+350	+425	+525	+650	+790	+1000	+1300	+1700
315	355	−1200	−600	−360		−210	−125		−62		−18	0		−18	−28		+4	0	+21	+37	+62	+108	+190	+268	+390	+475	+590	+730	+900	+1150	+1500	+1900
355	400	−1350	−680	−400		−210	−125		−62		−18	0		−18	−28		+4	0	+21	+37	+62	+114	+208	+294	+433	+530	+660	+820	+1000	+1300	+1650	+2100

基本偏差数值：a～h 为上极限偏差 es；js 为 ±$\frac{IT_n}{2}$；m～zc 为下极限偏差 ei。

续表

表　基本偏差数值（单位：μm）

公称尺寸/mm 大于	至	上极限偏差 es（所有标准公差级） a	b	c	cd	d	e	ef	f	fg	g	h	js	下极限偏差 ei j IT5和IT6	j IT7	k IT4至IT7	k ≤IT8 >IT7	m	n	p	r	s	t	u	v	x	y	z	za	zb	zc
400	450	-1500	-740	-440		-230	-135		-68		-20	0		-20	-32	+5	0	+23	+40	+68	+126	+232	+330	+450	+595	+740	+920	+1100	+1450	+1850	+2400
450	500	-1650	-840	-480																	+132	+252	+360	+540	+660	+820	+1100	+1250	+1600	+2100	+2600
500	560					-260	-145		-76		-22	0				0	0	+26	+44	+78	+150	+280	+400	+600							
560	630																				+155	+310	+450	+660							
630	710					-290	-160		-80		-24	0				0	0	+30	+50	+88	+175	+340	+500	+740							
710	800																				+185	+380	+560	+840							
800	900					-320	-170		-86		-26	0				0	0	+34	+56	+100	+210	+430	+620	+940							
900	1000																				+220	+470	+680	+1050							
1000	1120					-350	-195		-98		-28	0				0	0	+40	+66	+120	+250	+520	+780	+1150							
1120	1250																				+266	+580	+840	+1300							
1250	1400					-390	-220		-110		-30	0				0	0	+48	+78	+140	+300	+640	+950	+1450							
1400	1600																				+330	+720	+1050	+1600							
1600	1800					-430	-240		-120		-32	0				0	0	+58	+92	+170	+370	+820	+1200	+1850							
1800	2000																				+400	+920	+1350	+2000							
2000	2240					-480	-260		-130		-34	0				0	0	+68	+110	+195	+440	+1000	+1500	+2300							
2240	2500																				+460	+1100	+1650	+2500							
2500	2800					-520	-290		-145		-38	0				0	0	+76	+135	+240	+550	+1250	+1900	+2900							
2800	3150																				+580	+1400	+2100	+3200							

注：1. 公称尺寸小于或等于 1 mm 时，基本偏差 a 和 b 均不采用。

2. 公差带 js7~js11，若 IT 的数值（μm）为奇数，则取 $js = \pm \dfrac{IT_n - 1}{2}$。

由于孔比轴加工困难,因此国家标准规定,为使孔和轴在工艺上等价,在较高精度等级的配合中,孔比轴的公差等级低一级;在较低精度等级的配合中,孔与轴采用相同的公差等级。在孔与轴的基本偏差换算中,有以下两种规则。

①通用规则。同名代号的孔与轴的基本偏差的绝对值相等,而符号相反,即

对于 A ~ H:EI = - es

对于 J ~ ZC:ES = - ei

②特殊原则。同名代号的孔与轴的基本偏差的符号相反,而绝对值相差一个 Δ 值,即

$$ES = - ei + \Delta$$

$$\Delta = IT_n - IT_{n-1}$$

此式适用于公称尺寸大于 3 ~ 500 mm,标准公差小于 IT8 的 J、K、M、N 和标准公差 ≤ IT7 的 P ~ ZC 的配合中。

用上述公式计算出的孔的基本偏差按一定规则化整,编制出孔的基本偏差数值表,如表 2 -6所示。使用时可直接查表,不必计算。

对于孔的另一个极限偏差可根据下列公式计算:

$$ES = EI + IT_h$$

$$EI = EA - IT_h$$

【例 2 - 3】　查表确定 $\phi 25 \dfrac{H7}{r6}$ 和 $\phi 25 \dfrac{R7}{h6}$ 两种配合的孔、轴的极限偏差,计算极限过盈,并画出孔、轴公差带图。

解:由表 2 - 3 查得:公称尺寸为 25 mm、IT6 级的 $T_s = 13$ μm,IT7 级的 $T_h = 21$ μm。

对于 $\phi 25 \dfrac{H7}{r6}$、$\phi 25 H7$ 为 7 级基准孔:EI = 0,ES = + 21 μm

$\phi 25 r6$ 基本偏差为下极限偏差,查表 2 - 5 得

$$ei = 28 \ \mu m \quad es = ei + T_s = + 41 \ \mu m$$

极限过盈
$$Y_{min} = ES - ei = (21 - 28) \ \mu m = - 7 \ \mu m$$
$$Y_{max} = EI - es = (0 - 41) \ \mu m = - 41 \ \mu m$$

对于 $\phi 25 \dfrac{R7}{h6}$、$\phi 25 R7$ 基本偏差为上极限偏差,查表 2 - 6 得

$$ES = (-28 + \Delta) \ \mu m = (-28 + 8) \ \mu m = - 20 \ \mu m$$

$$EI = ES - T_h(-20 - 21) \ \mu m = - 41 \ \mu m$$

$\phi 25 h6$ 为 6 级基准轴:es = 0,ei = - 13 μm

极限过盈 $Y_{min} = ES - ei = [-20 - (-13)] \ \mu m = - 7 \ \mu m$

$$Y_{max} = EI - es = (-41 - 0) \ \mu m = - 41 \ \mu m$$

公差带图如图 2 - 12 所示。

由于 $\phi 25 \dfrac{H7}{r6}$ 和 $\phi 25 \dfrac{R7}{h6}$ 是同名配合,所以配合性质相同,即极限过盈相同。

4. 圆柱孔、轴公差配合的图样上的标注法

(1)孔和轴的公差带在零件图上的标注如图 2 - 13 所示。主要标注上、下极限偏差数值,也可附注基本偏差代号及公差等级。

表 2-6 孔的基本偏差数值表

（单位：μm）

P 至 ZC 列：在大于 IT7 的相应数值上增加一个 Δ 值。JS 列：偏差 $=\pm\dfrac{IT_n}{2}$。

公称尺寸/mm 大于	至	A	B	C	CD	D	E	EF	F	FG	G	H	JS	J IT6	J IT7	J IT8	K ≤IT8	K >IT8	M ≤IT8	M >IT8	N ≤IT8	N >IT8	P	R	S	T	U	V	X	Y	Z	ZA	ZB	ZC	Δ IT3	Δ IT4	Δ IT5	Δ IT6	Δ IT7	Δ IT8
—	3	+270	+140	+60	+34	+20	+14	+10	+6	+4	+2	0	±IT/2	+2	+4	+6	0	0	−2	−2	−4	−4	−6	−10	−14	—	−18	—	−20	—	−26	−32	−40	−60	0	0	0	0	0	0
3	6	+270	+140	+70	+46	+30	+20	+14	+10	+6	+4	0	±IT/2	+5	+6	+10	−1+Δ	0	−4+Δ	−4	−8+Δ	0	−12	−15	−19	—	−23	—	−28	—	−35	−42	−50	−80	1	1.5	1	3	4	6
6	10	+280	+150	+80	+56	+40	+25	+18	+13	+8	+5	0	±IT/2	+5	+8	+12	−1+Δ	0	−6+Δ	−6	−10+Δ	0	−15	−19	−23	—	−28	—	−34	—	−42	−52	−67	−97	1	1.5	2	3	6	7
10	14	+290	+150	+95	—	+50	+32	—	+16	—	+6	0	±IT/2	+6	+10	+16	−1+Δ	0	−7+Δ	−7	−12+Δ	0	−18	−23	−28	—	−33	—	−40	—	−50	−64	−90	−130	1	2	3	3	7	9
14	18	+290	+150	+95	—	+50	+32	—	+16	—	+6	0	±IT/2	+6	+10	+16	−1+Δ	0	−7+Δ	−7	−12+Δ	0	−18	−23	−28	—	−33	−39	−45	—	−60	−77	−108	−150	1	2	3	3	7	9
18	24	+300	+160	+110	—	+65	+40	—	+20	—	+7	0	±IT/2	+8	+12	+20	−2+Δ	0	−8+Δ	−8	−15+Δ	0	−22	−28	−35	—	−41	−47	−54	−63	−73	−98	−136	−188	1.5	2	3	4	8	12
24	30	+300	+160	+110	—	+65	+40	—	+20	—	+7	0	±IT/2	+8	+12	+20	−2+Δ	0	−8+Δ	−8	−15+Δ	0	−22	−28	−35	−41	−48	−55	−64	−75	−88	−118	−160	−218	1.5	2	3	4	8	12
30	40	+310	+170	+120	—	+80	+50	—	+25	—	+9	0	±IT/2	+10	+14	+24	−2+Δ	0	−9+Δ	−9	−17+Δ	0	−26	−34	−43	−48	−60	−68	−80	−94	−112	−148	−200	−274	1.5	3	4	5	9	14
40	50	+320	+180	+130	—	+80	+50	—	+25	—	+9	0	±IT/2	+10	+14	+24	−2+Δ	0	−9+Δ	−9	−17+Δ	0	−26	−34	−43	−54	−70	−81	−97	−114	−136	−180	−242	−325	1.5	3	4	5	9	14
50	65	+340	+190	+140	—	+100	+60	—	+30	—	+10	0	±IT/2	+13	+18	+28	−2+Δ	0	−11+Δ	−11	−20+Δ	0	−32	−41	−53	−66	−87	−102	−122	−144	−172	−226	−300	−405	2	3	5	6	11	16
65	80	+360	+200	+150	—	+100	+60	—	+30	—	+10	0	±IT/2	+13	+18	+28	−2+Δ	0	−11+Δ	−11	−20+Δ	0	−32	−43	−59	−75	−102	−120	−146	−174	−210	−274	−360	−480	2	3	5	6	11	16
80	100	+380	+220	+170	—	+120	+72	—	+36	—	+12	0	±IT/2	+16	+22	+34	−3+Δ	0	−13+Δ	−13	−23+Δ	0	−37	−51	−71	−91	−124	−146	−178	−214	−258	−335	−445	−585	2	4	5	7	13	19
100	120	+410	+240	+180	—	+120	+72	—	+36	—	+12	0	±IT/2	+16	+22	+34	−3+Δ	0	−13+Δ	−13	−23+Δ	0	−37	−54	−79	−104	−144	−172	−210	−254	−310	−400	−525	−690	2	4	5	7	13	19
120	140	+460	+260	+200	—	+145	+85	—	+43	—	+14	0	±IT/2	+18	+26	+41	−3+Δ	0	−15+Δ	−15	−27+Δ	0	−43	−63	−92	−122	−170	−202	−248	−300	−365	−470	−620	−800	3	4	6	7	15	23
140	160	+520	+280	+210	—	+145	+85	—	+43	—	+14	0	±IT/2	+18	+26	+41	−3+Δ	0	−15+Δ	−15	−27+Δ	0	−43	−65	−100	−134	−190	−228	−280	−340	−415	−535	−700	−900	3	4	6	7	15	23
160	180	+580	+310	+230	—	+145	+85	—	+43	—	+14	0	±IT/2	+18	+26	+41	−3+Δ	0	−15+Δ	−15	−27+Δ	0	−43	−68	−108	−146	−210	−252	−310	−380	−465	−600	−780	−1000	3	4	6	7	15	23
180	200	+660	+340	+240	—	+170	+100	—	+50	—	+15	0	±IT/2	+22	+30	+47	−4+Δ	0	−17+Δ	−17	−31+Δ	0	−50	−77	−122	−166	−236	−284	−350	−425	−520	−670	−880	−1150	3	4	6	9	17	26
200	225	+740	+380	+260	—	+170	+100	—	+50	—	+15	0	±IT/2	+22	+30	+47	−4+Δ	0	−17+Δ	−17	−31+Δ	0	−50	−80	−130	−180	−258	−310	−385	−470	−575	−740	−960	−1250	3	4	6	9	17	26
225	250	+820	+420	+280	—	+170	+100	—	+50	—	+15	0	±IT/2	+22	+30	+47	−4+Δ	0	−17+Δ	−17	−31+Δ	0	−50	−84	−140	−196	−284	−340	−425	−520	−640	−820	−1050	−1350	3	4	6	9	17	26
250	280	+920	+480	+300	—	+190	+110	—	+56	—	+17	0	±IT/2	+25	+36	+55	−4+Δ	0	−20+Δ	−20	−34+Δ	0	−56	−94	−158	−218	−315	−385	−475	−580	−710	−920	−1200	−1550	4	4	7	9	20	29
280	315	+1050	+540	+330	—	+190	+110	—	+56	—	+17	0	±IT/2	+25	+36	+55	−4+Δ	0	−20+Δ	−20	−34+Δ	0	−56	−98	−170	−240	−350	−425	−525	−650	−790	−1000	−1300	−1700	4	4	7	9	20	29
315	355	+1200	+600	+360	—	+210	+125	—	+62	—	+18	0	±IT/2	+29	+39	+60	−4+Δ	0	−21+Δ	−21	−37+Δ	+	−62	−108	−190	−268	−390	−475	−590	−730	−900	−1150	−1500	−1900	4	5	7	11	21	32
355	400	+1350	+680	+400	—	+210	+125	—	+62	—	+18	0	±IT/2	+29	+39	+60	−4+Δ	0	−21+Δ	−21	−37+Δ	+	−62	−114	−208	−294	−435	−530	−660	−820	−1000	−1300	−1650	−2000	4	5	7	11	21	32

下限偏差 EI（A…H，所有标准公差等级）；上限偏差 ES（P…ZC）；标准公差等级大于 IT7。

续表

基本偏差数值

公称尺寸 /mm 大于	至	下极限偏差 EI（所有标准公差等级） A	B	C	CD	D	E	EF	F	FG	G	H	JS	J IT6	J IT7	J IT8	K	M	N	P至ZC ≤IT7	上极限偏差 ES P	R	S	T	U	V	X	Y	Z	ZA	ZB	ZC	a算 标准公差等级 IT3	IT4	IT5	IT6	IT7	IT8
400	450	+1500	+740	+440		+230	+135		+68		+20	0		+33	+43	+66	−5+Δ	−23+Δ	−48+Δ	−0	−66	−128	−202	−280	−450	−595	−740	−900	−1100	−1450	−1850	−2400	5	6	7	13	23	34
450	500	+1650	+840	+480														−23				−132	−252	−360	−540	−600	−830	−1000	−1200	−1600	−2000	−2600	5					34
500	560					+260	+145		+76		+22	0					0	−26	−44		−78	−160	−280	−400	−620													
560	630																					−165	−310	−450	−680													
630	710					+290	+160		+80		+24	0					0	−30	−50		−88	−175	−340	−500	−740													
710	800																					−185	−380	−560	−800													
800	900					+320	+170		+86		+26	0					0	−34	−56		−100	−210	−430	−620	−900													
900	1000																					−230	−470	−680	−1050													
1000	1120					+350	+195		+98		+28	0					0	−40	−66		−120	−250	−520	−750	−1150													
1120	1250																					−280	−560	−840	−1200													
1250	1400					+390	+220		+110		+30	0					0	−48	−78		−140	−300	−600	−960	−1450													
1400	1600																					−330	−720	−1050	−1600													
1600	1800					+430	+240		+120		+32	0					0	−58	−88		−170	−370	−800	−1200	−1850													
1800	2000																					−400	−920	−1350	−2000													
2000	2240					+480	+260		+130		+34	0					0	−68	−110		−195	−440	−1000	−1500	−2300													
2240	2500																					−460	−1150	−1650	−2500													
2500	2800					+520	+290		+145		+38	0					0	−76	−115		−200	−530	−1250	−1900	−2900													
2800	3150																					−580	−1400	−2100	−3200													

注:1. 公称尺寸小于或等于 1 mm 时,基本偏差 A 和 B 及大于 IT8 的 N 均不采用。

2. 公差带 JS7~JS11,若 IT_n 数值是奇数,则取 $JS = \pm \dfrac{IT_n - 1}{2}$。

3. 当公称尺寸大于 250~315 mm 时,M6 的 ES 等于 −9(不等于 −11)。

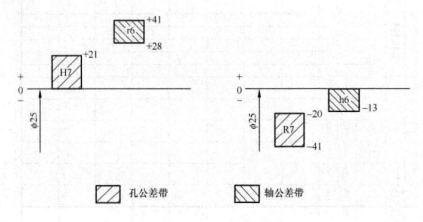

图 2 - 12 公差带图

（2）孔和轴的公差带在装配图上标注如图 2 - 14 所示。主要标注配合代号，即标注孔、轴的基本偏差代号及公差等级，也可附注上、下极限偏差数值。

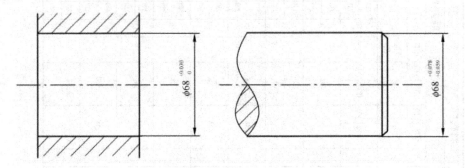

图 2 - 13 孔和轴的公差带在零件图上的标注

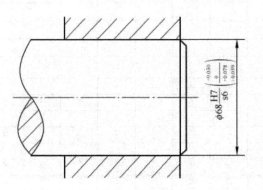

图 2 - 14 孔和轴的公差带在装配图上的标注

2.3 国家标准中规定的公差带与配合

2.3.1 一般、常用和优先公差带

按照国家标准中提供的标准公差与基本偏差系列，可将任一基本偏差与任一标准公差组

合,从而得到大小与位置不同的大量公差带。在公称尺寸小于或等于 500 mm 时,孔的公差带有 $20 \times 27 + 3 = 543$ 个,轴的公差带有 $20 \times 27 + 4 = 544$ 个。而公差带数量多,势必会使定值刀具和量具规格繁多,使用时很不经济。为此国家标准《极限与配合 公差带和配合的选择》(GB/T 1801—2009)规定的公称尺寸小于或等于 500 mm 的一般用途轴的公差带 119 个和孔的公差带 105 个,再从中选出常用轴的公差带 59 个和孔的公差带 44 个,并进一步选出孔和轴的优先用途公差带各 13 个,如表 2 - 7 和表 2 - 8 所示。

表 2 - 7　**轴的一般、常用和优先公差带**(尺寸小于或等于 500 mm)

a	b	c	d	e	f	g	h	j	js	k	m	n	p	r	s	t	u	v	x	y	z
							h1		js1												
							h2		js2												
							h3		js3												
						g4	h4		js4	k4	m4	n4	p4		r4		s4				
					f5	g5	h5	j5	js5	k5	m5	n5	p5	r5	s5	t5	u5	v5	x5		
				e6	f6	g6	h6	j6	js6	k6	m6	n6	p6	r6	s6	t6	u6	v6	x6	y6	z6
			d7	e7	f7	g7	h7	j7	js7	k7	m7	n7	p7	r7	s7	t7	u7	v7	x7	y7	z7
		c8	d8	e8	f8	g8	h8		js8	k8	m8	n8	p8	r8	s8	t8	u8	v8	x8	y8	z8
a9	b9	c9	d9	e9	f9		h9		js9												
a10	b10	c10	d10	e10			h10		js10												
a11	b11	c11	d11				h11		js11												
a12	b12	c12					h12		js12												
a13	b13						h13		js13												

注:表中方框内的公差带为常用公差带,圆圈内的公差带为优先公差带。

表 2 - 8　**孔的一般、常用和优先公差带**(尺寸小于或等于 500 mm)

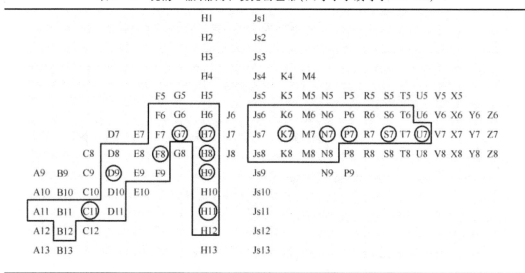

A	B	C	D	E	F	G	H	J	Js	K	M	N	P	R	S	T	U	V	X	Y	Z
							H1		Js1												
							H2		Js2												
							H3		Js3												
							H4		Js4	K4	M4										
					F5	G5	H5		Js5	K5	M5	N5	P5	R5	S5	T5	U5	V5	X5		
					F6	G6	H6	J6	Js6	K6	M6	N6	P6	R6	S6	T6	U6	V6	X6	Y6	Z6
			D7	E7	F7	G7	H7	J7	Js7	K7	M7	N7	P7	R7	S7	T7	U7	V7	X7	Y7	Z7
		C8	D8	E8	F8	G8	H8	J8	Js8	K8	M8	N8	P8	R8	S8	T8	U8	V8	X8	Y8	Z8
A9	B9	C9	D9	E9	F9		H9		Js9			N9	P9								
A10	B10	C10	D10	E10			H10		Js10												
A11	B11	C11	D11				H11		Js11												
A12	B12	C12					H12		Js12												
A13	B13						H13		Js13												

注:表中方框内的公差带为常用公差带,圆圈内的公差带为优先公差带。

2.3.2　常用和优先配合

在上述推荐的轴、孔公差带的基础上,国家标准还推荐了孔、轴公差带的组合。对基孔制,规定有 59 种常用配合;对基轴制,规定有 47 种常用配合。在此基础上,又从中各选取了 13 种优先配合,如表 2-9 和表 2-10 所示。

表 2-9　基孔制优先、常用配合(GB/T 1801—2009)

基准孔	轴																				
	a	b	c	d	e	f	g	h	js	k	m	n	p	r	s	t	u	v	x	y	z
	间隙配合								过渡配合				过盈配合								
h6						H6/f5	H6/g5	H6/h5	H6/js5	H6/k5	H6/m5	H6/n5	H6/p5	H6/r5	H6/s5	H6/t5					
H7						H7/f6	H7/g6	H7/h6	H7/js6	H7/k6	H7/m6	H7/n6	H7/p6	H7/r6	H7/s6	H7/t6	H7/u6	H7/v6	H7/x6	H7/y6	H7/z6
H8					H8/e7	H8/f7	H8/g7	H8/h7	H8/js7	H8/k7	H8/m7	H8/n7	H8/p7	H8/r7	H8/s7	H8/t7	H8/u7				
H8				H8/d8	H8/e8	H8/f8		H8/h8													
H9			H8/c9	H8/d9	H8/e9	H8/f9		H8/h9													
H10			H10/c10	H10/d10				H10/h10													
H11	H11/a11	H11/b11	H11/c11	H11/d11				H11/h11													
H12		H12/b12						H12/h12													

注:① $\dfrac{H6}{n5}$,$\dfrac{H7}{p6}$ 在公称尺寸小于或等于 3 mm 和 $\dfrac{H8}{r7}$ 在小于或等于 100 mm 时,为过渡配合;

② 标注 ◣ 的配合为优先配合。

表 2-10　基轴制优先、常用配合(GB/T 1801—2009)

基准轴	孔																				
	A	B	C	D	E	F	G	H	JS	K	M	N	P	R	S	T	U	V	X	Y	Z
	间隙配合								过渡配合				过盈配合								
h5						F6/h5	G6/h5	H6/h5	JS6/h5	K6/h5	M6/h5	N6/h5	P6/h5	R6/h5	S6/h5	T6/h5					
h6						F7/h6	G7/h6	H7/h6	JS7/h6	K7/h6	M7/h6	N7/h6	P7/h6	R7/h6	S7/h6	T7/h6	U7/h6				
h7					E8/h7	F8/h7		H8/h7	JS8/h7	K8/h7	M8/h7	N8/h7									
h8				D8/h8	E8/h8	F8/h8		H8/h8													
h9				D9/h9	E9/h9	F9/h9		H9/h9													
h10				D10/h10				H10/h10													

基准轴	孔																				
	A	B	C	D	E	F	G	H	JS	K	M	N	P	R	S	T	U	V	X	Y	Z
	间隙配合								过渡配合			过盈配合									
h11	$\dfrac{A11}{h11}$	$\dfrac{B11}{h11}$	$\dfrac{C11}{h11}$	$\dfrac{D11}{h11}$				$\dfrac{H11}{h11}$													
h12		$\dfrac{B12}{b12}$						$\dfrac{H12}{h12}$													

注:标注 ◤ 的配合为优先配合。

2.4　线性尺寸的一般公差

一般公差是指在车间一般加工条件下可以保证的公差,是机床设备在正常维护操作情况下能达到的经济加工精度。采用一般公差时,在该尺寸后不标注极限偏差或其他代号,所以也称未注公差。

国家标准《一般公差 未注公差的多线性和角度尺寸的公差》(GB/T 1804—2000)中对线性尺寸的一般公差规定了四个公差等级:精密级、中等级、粗糙级和最粗级,分别用字母 f、m、c和 v 表示,而对尺寸也采用了大的分段,具体数值如表 2 - 11 所示。由表 2 - 11 所示数值可见,不论孔和轴还是长度尺寸,其极限偏差的数值都采用对称分布的公差带,并对倒圆半径与倒角高度尺寸的极限偏差的数值作了规定,如表 2 - 12 所示。

表 2 - 11　线性尺寸的未注极限偏差的数值　　　　　　(单位:mm)

公差等级	尺寸分段							
	0.5 ~ 3	>3 ~ 6	>6 ~ 30	>30 ~ 120	>120 ~ 400	>400 ~ 1 000	>1 000 ~ 2 000	>2 000
f(精密级)	±0.05	±0.05	±0.1	±0.15	±0.2	±0.3	±0.5	—
m(中等级)	±0.1	±0.1	±0.2	±0.3	±0.5	±0.8	±1.2	±2
c(粗糙级)	±0.2	±0.3	±0.5	±0.8	±1.2	±2	±2	±3
v(最粗级)	—	±0.5	±1	±1.5	±2.5	±4	±6	±8

表 2 - 12　倒圆半径与倒角高度尺寸的极限偏差的数值　　　　　　(单位:mm)

公差等级	尺寸分段			
	0.5 ~ 3	>3 ~ 6	>6 ~ 30	>30
f(精密级)	±0.2	±0.5	±1	±2
m(中等级)				
d(粗糙级)	±0.4	±1	±2	±4
v(最粗级)				

当采用一般公差时,在图样上只注公称尺寸,不注极限偏差,而应在图样的技术要求或有

关技术文件中,用标准号和公差等级代号作出总的表示。例如,当选用中等级 m 时则表示为 GB/T 1804—m。

一般公差用于精度较低的非配合尺寸。当要素的功能要求比一般公差更小或允许更大的公差值,而该公差比一般公差更经济时,如果装配所钻不通孔的深度,则在公称尺寸后直接注出极限偏差数值。一般公差的线性尺寸可以不检验。

一般公差适用于金属切削加工以及一般冲压加工的尺寸。对于非金属材料和其他工艺方法加工的尺寸也可参照使用。

2.5 常用尺寸段极限与配合选用

尺寸极限与配合的选择是机械设计与制造中的一个重要环节,它是在公称尺寸已经确定的情况下进行的尺寸精度设计。极限与配合的选择是否恰当,对产品的性能、质量、互换性及经济性有着重要的影响。其内容包括选择基准制、公差等级和配合种类三大方面。选择的原则是在满足使用要求的前提下能获得最佳的经济效益。

2.5.1 基准制的选用

1. 优先先用基孔制

中等尺寸精度较高的孔的加工和检验常采用钻头、铰刀、量规等定值刀具和量具,孔的公差带位置固定,可减少刀具、量具的规格,有利于生产和降低成本,故一般情况下,应优先采用基孔制。

2. 下列条件下选用基轴制

(1) 直接使用有一定公差等级(IT8 ~ IT11)而不再进行机械加工的冷拔钢材(这种钢材按基准轴的公差带制造)做轴。当需要各种不同的配合时,可选择不同的孔公差带位置来实现。这种情况主要应用于农业机械和纺织机械中。

(2) 加工尺寸小于 1 mm 的精密轴比同级孔要困难,因此在仪表制造、钟表生产、无线电工程中,常使用经过光轧成形的钢丝直接做轴,这时采用基轴制比较经济。

(3) 根据结构上的需要,同一公称尺寸的轴上装配有不同配合要求的几个孔件时应采用基轴制。图 2 - 15(a)所示为柴油机的活塞销同时与连杆孔和支承孔相配合,连杆要转动,故采用间隙配合,而与支承配合可紧一些,采用过渡配合。如采用基孔制,则如图 2 - 15(b)所示。活塞销需做成中间小、两头大的形状,这不仅对加工不利,同时装配也有困难,易拉毛连杆孔。改用基轴制的结构如图 2 - 15(c)所示。活塞销的尺寸不变,而连杆孔、支承孔分别按不同要求加工,较经济合理且便于安装。

3. 与标准件配合时,必须按标准来选择基准制

图 2 - 16 所示为滚动轴承的外圈与壳体孔的配合,其必须采用基轴制,滚动轴承的内圈与轴颈的配合必须采用基孔制,此轴颈按 φ55j6 加工,外壳孔应按 φ100K7 加工。

4. 为了满足配合的特殊需要,允许选用非基准制的配合

非基准制的配合是指相配合的两零件既无基准孔 H 又无基准轴 h 的配合,当一个孔与几个轴相配合或一个轴与几个孔相配合,其配合要求各不相同时,则有的配合要出现非基准制的配合。

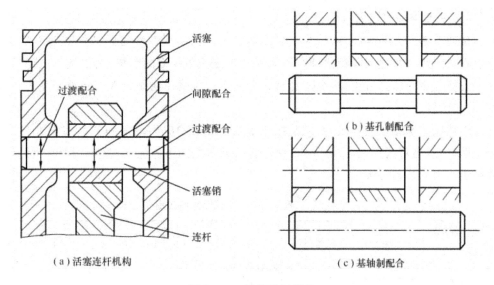

（a）活塞连杆机构

（b）基孔制配合

（c）基轴制配合

图 2 - 15　活塞连杆机构

图 2 - 16 所示为在减速器某轴颈处的轴向定位套用来作轴向定位,它松套在轴颈上即可。但轴颈的公差带已确定为 $\phi55j6$,因此轴套与轴颈的间隙配合就不能采用基孔制配合,形成了任一孔、轴公差带组成的非基准配合 $\phi55\dfrac{F9}{j6}$ 来满足使用要求。另一处箱体孔与端盖定位圆柱面的配合和上述情况相似,考虑到端盖的拆卸方便,且允许配合的间隙较大,因此选用非基准制配合 $\phi100\dfrac{K7}{f9}$。

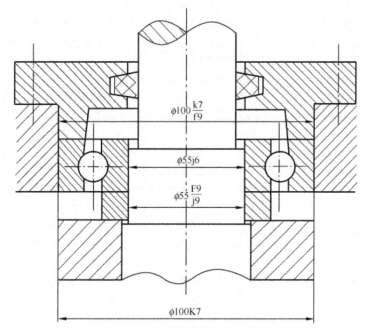

图 2 - 16　减速器中箱体孔与端盖定位圆柱面的配合

2.5.2　公差等级的选用

合理地选用公差等级,就是为了更好地解决机械零部件使用要求与制造工艺及成本之间的矛盾。因此选择公差等级的基本原则是在满足使用要求的前提下,尽量选取低的公差等级。

公差等级的选择可用类比法,也就是参照生产实践证明是合理的同类产品的孔、轴公差等级,进行比较选择。

用类比法选择公差等级时,应掌握各个公差等级的应用范围和各种加工方法所能达到的公差等级,以便有据所依。表 2-13 所示为公差等级的大体应用,表 2-14 所示为各种加工方法可能达到的公差等级。

表 2-13　公差等级的应用

应用＼公差等级	01	0	1	2	3	4	5	6	7	8	9	10	11	12	13	14	15	16	17	18
块规	■	■	■																	
量规		■	■	■	■	■	■	■	■											
配合尺寸							■	■	■	■	■	■	■	■						
特别精密零件				■	■	■	■													
非配合尺寸														■	■	■	■	■	■	■
原材料误差										■	■	■	■	■	■	■				

表 2-14　各种加工方法可能达到的公差等级

加工方法＼公差等级	01	0	1	2	3	4	5	6	7	8	9	10	11	12	13	14	15	16	17	18
研磨	■	■	■	■	■	■	■													
磨						■	■	■	■	■										
圆磨							■	■	■	■										
平磨							■	■	■	■										
金刚石车							■	■	■											
金刚石镗							■	■	■											
拉削							■	■	■	■										
铰孔								■	■	■	■									
粗车												■	■	■						
镗												■	■	■						
铣										■	■	■	■							
刨、插												■	■	■						
钻削												■	■	■	■					

续表

公差等级 加工方法	01	0	1	2	3	4	5	6	7	8	9	10	11	12	13	14	15	16	17	18
冲压												├──	──	──	──	──┤				
液压、挤压												├─┤								
锻造																	├──	──┤		
砂型铸造																├──	──	──┤		
金属型铸造																├──	──┤			
气割																	├──	──	──	──┤

用类比法选择公差等级时，应注意以下三个方面：

（1）相互配合的孔与轴的工艺等价性。在常用尺寸段内，对于较高精度等级的配合，孔比同级轴的加工困难，加工成本也要高一些，其工艺是不等价的。为了使相互配合的孔轴工艺等价，当公差等级 < IT8 时，孔比轴低一级（例如 $\dfrac{H7}{n6}$、$\dfrac{P6}{h5}$）；当公差等级为 IT8 时，孔与轴同级或孔比轴低比轴低一级（例如，$\dfrac{H8}{f8}$、$\dfrac{F8}{h7}$）；当公差等级 > IT8 时，孔、轴为同级（例如，$\dfrac{H9}{e9}$、$\dfrac{F8}{h8}$）。

（2）相配零件或部件精度的匹配性。在齿轮的基准孔与轴的配合中，该孔与轴的公差等级由相关齿轮精度等级确定。与滚动轴承相配合的外壳孔和轴颈的公差等级和相配合滚动轴承公差等级有关。

（3）加工成本。考虑到在满足使用要求的前提下降低加工成本，不重要的相配合件的公差等级可以低二、三级，如图 2-16 所示。减速器中箱体孔与端盖定位圆柱面的配合为 $\phi 100 \dfrac{K7}{f9}$，轴套与轴颈的配合为 $\phi 55 \dfrac{F9}{j6}$。

2.5.3　配合种类的选择

基准孔和公差等级的选择，确定了基准孔或基准轴的公差带，以及相应的非基准轴公差配合与测量技术或非基准孔公差带的大小，因此选择配合种类实质上就是确定非基准轴或非基准孔公差带的位置，也就是选择非基准轴或非基准孔的基本偏差代号。

设计时，通常多采用类比法选择配合种类。为此首先必须掌握各种配合的特征和应用场合，并了解它们的应用实例，然后再根据具体情况加以选择。

1. 配合种类的选择

配合分为三类：间隙配合、过渡配合和过盈配合。

（1）间隙配合具有一定的间隙量，间隙量小时主要用于精确定心又便于拆卸的静连接，或结合件间只有缓慢移动或转动的动连接。如果结合件要传递力矩，则需要增加键、销等紧固件。间隙量较大时主要用于结合件间有转动、移动或复合运动的动连接。

（2）过渡配合可能具有间隙，也可能具有过盈，但不论是间隙还是过盈量都很小，主要用于精确定心，结合件间无相对运动，可拆卸的静连接。如果需要传递力矩，则需要增加键、销等紧固件。

（3）过盈配合具有一定的过盈量，主要用于结合件无相对运动不可拆卸的静连接。当过盈量较小时，只做精确定心用。如果需传递力矩，则需要增加键、销等紧固件。过盈量较大时，可直接用于传递力矩。具体选择配合类别时可参考表 2-15 所示内容。

表 2-15　配合类别选择

无相对运动	需要传递力矩	需要精确同轴	永久结合	过盈配合
			可拆结合	过渡配合或偏差代号为 H(h) 的间隙配合加紧固件
		不需要精确同轴		间隙配合加紧固件
	不需要传递力矩			过渡配合或轻的过盈配合
有相对运动	移动			基本偏差为 H(h)、G(g) 等间隙配合
	转动、移动或复合运动			基本偏差 D~F(d~f) 等间隙配合

2. 配合种类选择的基本方法

配合种类选择的基本方法有三种：计算法、试验法和类比法。

（1）计算法：根据理论公式，计算出使用要求的间隙或过盈大小来选定配合的方法。如根据液体润滑理论，计算保证液体摩擦状态所需的最小间隙。在依靠过盈来传递运动和负载的过盈配合时，可根据弹性变形理论公式，计算出能保证传递一定负载所需要的最小过盈和不使工作损坏的最大过盈。由于影响间隙和过盈的因素很多，理论计算也是近似的，所以在实际应用中还需经过试验来确定。一般情况下，很少使用计算法。

（2）试验法：用试验的方法确定满足产品工作性能的间隙或过盈范围的方法。该方法主要用于对产品性能影响大而又缺乏经验的场合。试验法比较可靠，但周期长、成本高，应用比较少。

（3）类比法：参照同类型机器或机构中经过生产实践验证的配合的实际情况，再结合所设计产品的使用要求和应用条件来确定配合的方法。

在实际工作中，大多采用类比法来选择公差与配合。因此，必须了解和掌握一些在实践生产中已被证明成功的极限与配合的实例。同时，也要熟悉和掌握各个基本偏差在配合方面的特征和应用。明确标准规定的各种配合，特别是优先配合的性质，这样，在充分分析零件使用要求和工作条件的基础上，考虑结合件工作时的相对运动状态、承受负载情况、润滑条件、温度变化以及材料的物理力学性能等对间隙或过盈的影响，就能选出合适的配合类型。

表 2-16 所示为尺寸范围在 1~500 mm 基孔制常用和优先配合的特征及应用场合。

表 2-16　尺寸范围在 1~500 mm 基孔制常用和优先配合的特征及其应用

配合类别	配合特征	配合代号	应用
间隙配合	特大间隙	$\dfrac{H11}{a11}$、$\dfrac{H11}{b11}$、$\dfrac{H12}{b12}$	用于高温或工作时要求大间隙的配合
	很大间隙	$\dfrac{H11}{c11}$、$\dfrac{H11}{d11}$	用于工作条件较差、受力变形或为了便于装配而需要大间隙的配合和高温工作的配合
	较大间隙	$\dfrac{H6}{e5}$、$\left(\dfrac{H7}{e6}\right)$、$\left(\dfrac{H8}{e7}\right)$、$\dfrac{H8}{e8}$、$\dfrac{H9}{e9}$、$\dfrac{H10}{e10}$、$\left(\dfrac{H11}{e11}\right)$、$\dfrac{H12}{e12}$	用于高速重型的滑动轴承或大直径的滑动轴承，也可以用于大跨距或多支点支承的配合

续表

配合类别	配合特征	配合代号	应 用
间隙配合	一般间隙	$\dfrac{H6}{f5}$、$\dfrac{H7}{f7}$、$\left(\dfrac{H8}{f7}\right)$、$\dfrac{H8}{f8}$、$\dfrac{H9}{f9}$	用于一般转速的配合。当温度影响不大时,广泛用于普通润滑油润滑的支承处
	较小间隙	$\dfrac{H7}{g6}$、$\dfrac{H8}{g7}$	用于精密滑动零件或缓慢间隙回转的零件的配合部位
	很小间隙与零间隙	$\dfrac{H6}{g5}$、$\dfrac{H6}{h5}$、$\left(\dfrac{H7}{h6}\right)$、$\left(\dfrac{H8}{h8}\right)$、$\left(\dfrac{H8}{h8}\right)$、$\left(\dfrac{H9}{h9}\right)$、$\dfrac{H10}{h10}$、$\left(\dfrac{H11}{h11}\right)$、$\dfrac{H12}{h12}$	用于不同精度要求的一般定位件的配合和缓慢移动和摆动零件的配合
过渡配合	绝大部分有微小间隙	$\dfrac{H6}{js5}$、$\dfrac{H7}{js6}$、$\dfrac{H8}{js7}$	用于易于装拆的定位配合或加紧固件后可传递一定静载荷的配合
	大部分有较小间隙	$\dfrac{H6}{k5}$、$\dfrac{H7}{k6}$、$\dfrac{H8}{k7}$	用于稍有震动的定位配合。加紧固件传递一定载荷。装拆方便,可用木锤敲入
	绝大部分有微小过盈	$\dfrac{H6}{m5}$、$\dfrac{H7}{m6}$、$\dfrac{H8}{m7}$	用于定位精度较高而且能够抗振的定位配合。加键可传递较大载荷。可用铜锤敲入或小压力压入
	大部分有微小过盈	$\left(\dfrac{H7}{n6}\right)$、$\dfrac{H8}{n7}$	用于精确定位或紧密组合件的配合。加键能传递大力矩或冲击性载荷。只在大修时拆卸
过盈配合	绝大部分有较小过盈	$\dfrac{H8}{p7}$	加键后能传递很大力矩,且能承受震动或冲击的配合,装配后不再拆卸
	轻型	$\dfrac{H6}{n5}$、$\dfrac{H6}{p5}$、$\left(\dfrac{H7}{p6}\right)$、$\dfrac{H6}{r5}$、$\dfrac{H7}{r6}$、$\dfrac{H8}{r7}$	用于精确的定位配合。一般不能靠过盈传递力矩。要传递力矩仍需要加紧固件
	中型	$\dfrac{H6}{s5}$、$\left(\dfrac{H7}{s6}\right)$、$\dfrac{H8}{s7}$、$\dfrac{H6}{t5}$、$\dfrac{H7}{t6}$、$\dfrac{H8}{t7}$	不需要加紧固件就能传递较小力矩和轴向力。加紧固件后能承受较大载荷和动载荷
	重型	$\left(\dfrac{H6}{u5}\right)$、$\dfrac{H8}{u7}$、$\dfrac{H7}{v6}$	不需要加紧固件就可传递和承受大的力矩和动载荷的配合。要求零件材料有高强度
	特重型	$\left(\dfrac{H7}{x5}\right)$、$\dfrac{H7}{y7}$、$\dfrac{H7}{z6}$	能传递和承受很大力矩和动载荷的配合,需要经过试验后方可应用

注:1. 括号内的配合为优先配合。

　　2. 国标规定的44种基轴制配合的应用与本表中的同名配合相同。

本章小结

本章主要介绍了极限与配合的基本术语和概念以及极限与配合国家标准的组成和特点。掌握各个术语的含义及其之间的联系与区别是掌握该部分内容的关键。

1. 公称尺寸是设计时给定的尺寸。实际尺寸是通过测量得到的尺寸,是零件上某一位置尺寸的测量值。本章所提到的实际尺寸指的是零件制成后的实际尺寸。极限尺寸是允许尺寸变化的两个界限值,统称为极限尺寸。极限尺寸是以公称尺寸为基数来确定的,极限尺寸用于控制实际尺寸。

2. 极限偏差是极限尺寸减去公称尺寸所得的代数差。极限偏差的数值可能是正值、负值或零值。实际偏差是实际尺寸与公称尺寸的差值。偏差是以公称尺寸为基数,从偏离公称尺寸的角度来表述有关尺寸的术语。

3. 公差是允许尺寸的变动量。公差值无正负含义。它表示尺寸变动范围的大小。标准公差是国家标准统一规定的用以确定公差带大小的任一公差。基本偏差是用于确定公差带相对零线位置的上极限偏差或下极限偏差。

4. 配合是指公称尺寸相同的、相互配合的孔与一公差带之间的关系。配合的种类有间隙配合、过渡配合、过盈配合。间隙配合是指具有间隙的配合;过盈配合是指具有过盈的配合;过渡配合是指可能具有间隙或过盈的配合。

5. 配合公差是指允许间隙或过盈的变动量。它是设计人员根据机器配合部位使用性能的要求对配合松紧变动的程度给定的允许值。

练习题

2-1 使用标准公差与基本偏差表,查出下列公差带的上、下极限偏差。

(1) 32d9; (2)120v7; (3)70h11; (4)40c11; (5)40M8; (6)35P7。

2-2 查出下列配合中孔和轴的上、下极限偏差,说明配合性质,画出公差带图和配合公差带图。标明其公差,上、下极限尺寸,最大、最小间隙(或过盈)。

(1) $\phi60\frac{H7}{h6}$; (2)$\phi32\frac{H8}{js7}$; (3)$\phi45\frac{F9}{h9}$; (4)$\phi100\frac{G7}{h6}$。

2-3 已知孔、轴的公称尺寸和使用要求如下:

(1)$D = \phi35$ mm,$X_{max} = +120$ μm,$X_{min} = +50$ μm;

(2)$D = \phi40$ mm,$X_{max} = -80$ μm,$X_{min} = -35$ μm;

(3)$D = \phi60$ mm,$X_{max} = +50$ μm,$X_{min} = -32$ μm。

采用基孔制(或基轴制),确定孔和轴的公差等级、配合种类,并画出公差带图。

2-4 图2-17所示为刮板运输机的安全连接器,其工作轴是由链轮通过安全销、轴套与键带动的,当工作转矩超过允许值,安全销即被切断,使链轮与轴套间空转,以免电动机烧毁。通过卡环装拆,更换断销后,机器重新工作。已知图2-17所示各配合面的公称尺寸为①$\phi90$ mm;②$\phi65$ mm;③$\phi26$ mm;④$\phi16$ mm。试按照其使用要求,并考虑传动平稳,减少冲击、震动、噪声,选择适当的基准制、公差等级和配合种类,并简述理由。

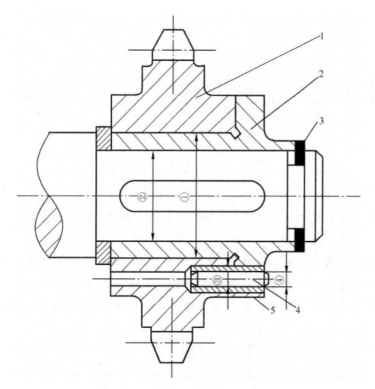

图 2 - 17　安全连接器装配图

1—链轮;2—套筒;3—挡圈;4—安全销;5—卡环

第 **3** 章 测量技术基础

学习目标

1. 掌握测量的基本概念及要素,量块及其使用方法,各类测量误差的特性及数据处理方法,测量精度的基本概念。

2. 掌握验收极限的确定方法,能依据计量器具的选用原则选择合适的测量器具。

3. 熟悉计量器具与测量方法的分类与有关常用术语、计量器具的主要度量指标。

4. 了解长度基准的概念和长度量值传递系统的应用,熟悉几种较精密计量器具的工作原理及使用。

5. 掌握孔、轴的尺寸测量方法及评定。

3.1 概　　述

测量是互换性生产过程中的重要组成部分,零件几何参数需要通过测量或检验,才能判断其合格与否,且只有合格的零件才具有互换性。

测量就是把被测的几何量 L 与作为计量单位的标准量 E 进行比较,从而获得两者比值 q 的过程。即 $L/E = q$ 或 $L = qE$。该式表明:一个完整的测量过程必须有被测量对象和测量单位,还需要有与被测量适应的测量方法(包括测量器具),而且还要对测量结果作出精确程度的判断。因此,任何一个测量过程都包含四个基本要素:被测对象、计量单位、测量方法和测量精度。

1. 被测对象

本课程研究的被测对象是指长度、角度、形状、相对位置、表面粗糙度、螺纹及齿轮等零件的几何参数。

2. 计量单位

计量单位是指用以度量同类量值的标准量。长度的计量单位是米(m),角度计量单位是弧度(rad)和度(°)、分(′)、秒(″)。

3. 测量方法

测量方法是指测量原理、测量器具和测量条件的总和。

4. 测量精度

测量精度是指测量结果与真值一致的程度。与之相对应的概念是测量误差,任何测量过程总不可避免地出现测量误差。测量误差大,表明测量结果与真值一致的程度低,则测量精度低;反之,测量误差小,测量精度高。

对测量技术的基本要求:经济合理地选用测量器具与测量方法,保证一定的测量精度,具有高的测量效率、低的测量成本,通过测量分析零件的加工工艺,积极采取预防措施,避免废品的产生。

3.2　长度基准与量值传递

3.2.1　长度单位和基准

为了保证长度测量的精度,首先需要建立国际统一的、稳定可靠的长度基准。在我国法定计量单位中,长度单位是米(m),与国际单位一致。机械制造中常用的单位是毫米(mm),测量技术中常用的单位是微米(μm)。1 m = 1 000 mm,1 mm = 1 000 μm。

1983 年,第十七届国际计量大会审议并批准通过的“米”新定义:“1 m 是光在真空中在 1/299 297 458 s时间间隔内所行程的长度。”

米定义的复现主要采用稳频激光辐射。我国使用碘吸收稳定的 0.633 μm 氦氖激光辐射作为波长标准来复现“米”的定义。

3.2.2　量值传递的概念

用光波波长作为长度基准,不便于在生产中直接应用,为了保证长度量值的准确、统一,就必须把复现的长度基准量值逐级传递到生产中所应用的各种计量器具和工件上去,这就是量值的传递系统。长度基准的量值传递系统如图 3 - 1 所示。

3.2.3　量块的基本知识

量块是无刻度的平面平行端面量具。量块除作为长度量值传递的实物基准外,还可用于计量器具的校准和鉴定,以及精密设备的调整、精密工件的测量等。

1. 量块的材料、形状和尺寸

量块由特殊合金钢(常用铬锰钢)制成,具有线膨胀系数小,性能稳定,不易变形且耐磨性好等特点。

量块的形状为长方形正六面体结构,有两个测量面和四个非测量面,测量面极为光滑平整,两测量面之间具有精确的尺寸,如图 3 - 2 所示。有关量块的尺寸术语如下:

(1)量块的标称长度。量块的标称长度是指两相互平行的测量面之间的距离,即量块的工作长度,在量块上标出,用符号 l 表示。标称长度小于 10 mm 的量块,其截面尺寸为 30 mm ×9 mm;标称长度大于 10 ~ 1 000 mm 的量块,其截面尺寸为 35 mm ×9 mm。

(2)量块(测量面上任意点)的长度。量块的长度是指从量块一个测量面上任意点(距边缘 0.5 mm 区域除外)到与这个量块另一个测量面相研合的辅助体表面之间的垂直距离,用符号 L_i 表示。

(3)量块的中心长度。量块的中心长度是指从量块一个测量面中心点到与这个量块另一个测量面相研合的辅助体表面之间的垂直距离,用符号 L 表示。

(4)量块实际长度。量块实际长度是指量块长度的实际测量值,分为中心长度 L 和任意点长度 L_i。

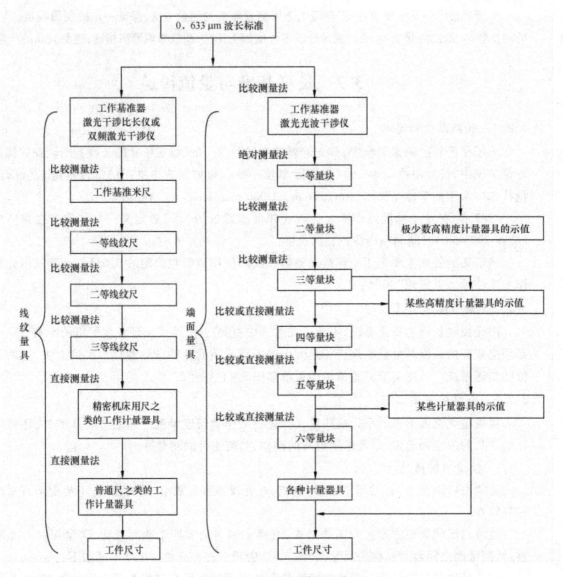

图 3 - 1 长度量的传递系统

（5）量块的长度偏差。量块的长度偏差是指量块的长度实测值与标称长度之差。

（6）量块的长度变动量。量块的长度变动量是指量块任意点长度中的最大长度与最小长度之差的绝对值，用符号表示 L_v 表示。

2. 量块的精度等级

为了满足不同应用场合需要，我国的标准对量块规定了若干精度等级。按标准《几何量技术规范（GPS）长度标准量块》（GB/T 6093—2001）的规定，量块按制造精度（即量块长度的极限偏差和长度变动量允许值）分为六级：00、0、1、2、3 和 K 级。其中 00 级精度最高，精度依次降低，3 级精度最低，K 级为校准级。

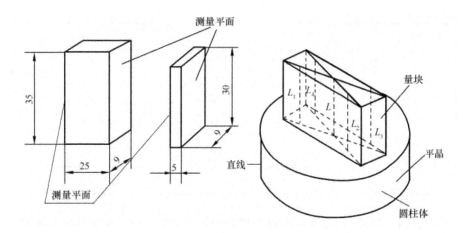

图 3 - 2　量块

国家计量局标准《量块》(JJG 146—2011)对量块的检定精度规定了五个等级精度:1、2、3、4、5,其中 1 等精度最高,精度依次降低,5 等精度最低。量块分"等"的主要依据是量块测量的不确定度和量块长度变动量的允许值。

值得注意的是,量块按"级"使用时,是以量块的标称长度作为工作尺寸,该尺寸包含了量块的制造误差和磨损误差,由于使用时无须加修正值,使用较为简便;量块按"等"使用时,是以经过检定后所给出的量块的实际中心尺寸作为工作尺寸,该尺寸排除了量块制造误差的影响,仅包含较小的测量误差。例如,某一量块标称长度为 20 mm,检定后修正值为 - 5 μm,则实际中心长度为 19.995 mm,这样就消除了量块的制造误差的影响,仅包含了检定时较小的测量误差。因此,量块按"等"使用的测量精度比按"级"使用的要高。

3. 量块的特性与选用原则

量块是单值量具,一个量块只代表一个尺寸。量块除具有稳定性、耐磨性和准确性的基本特性之外,还有一个重要特性——研合性。研合性是指两个量块的测量面相互接触,并在不大的压力下作切向相对滑动就能贴附在一起的性质。利用这一特性,把量块研合在一起,便可组成所需的各种尺寸。根据国家标准(GB/T 6093—2001)的规定,我国生产的成套量块有 91 块、83 块、46 块、38 块等多种规格,表 3 - 1 所示为其中三套量块的极别、尺寸系列、间隔和块数尺寸。

表 3 - 1　成套量块尺寸表(摘录)

总块数	级　别	尺寸系列/mm	间隔/mm	块数
83	00,0,1,2,(3)	0.5	—	1
		1	—	1
		1.005	—	1
		1.01,1.02,…,1.49	0.01	49
		1.5,1.6,…,1.9	0.1	5
		2.0,2.5,…,9.5	0.5	16
		10,20,…,100	10	10

总块数	级　别	尺寸系列/mm	间隔/mm	块数
46	0,1,2	1	—	1
		1.001,1.002,…,1.009	0.001	9
		1.01,1.02,…,1.09	0.01	9
		1.1,1.2,…,1.9	0.1	9
		2,3,…,9	1	8
		10,20,…,100	10	10
10	00,0,1	1,1.001,…,1.009	0.001	10

　　量块在组合尺寸时,为了减小量块组合的累积误差,应力求用最少的块数,一般不超过四块。组合时,应从所给尺寸的最后一位数字开始考虑,每选取一块则应使尺寸的位数减少一位,逐一选取。例如,从83块一套的量块中选取组成38.935 mm的尺寸,其结果为1.005 mm、1.43 mm、6.5 mm、30 mm四块量块。

　　为了扩大量块的应用范围,可采用量块附件,量块附件主要有夹持器和各种量爪。量块及附件装配后,可用于测量外径、内径或精密划线。

3.3　计量器具与测量方法

3.3.1　计量器具的分类

　　计量器具(也可称为测量器具)是指测量仪器和测量工具的总称。计量器具可以按计量学的观点进行分类,也可以按器具本身的结构、用途和特点进行分类。计量器具按计量学观点可分为量具和量仪两类。通常把没有传动放大系统的计量器具称为量具,例如,游标卡尺、90°角尺和量规等;把具有传动放大系统的计量器具称为量仪,例如,机械比较仪、测长仪和投影仪等。计量器具按其本身的结构、用途和特点可分为标准量具、通用计量器具、极限量规以及计量装置四类。

　　1. 标准量具

　　标准量具通常用来校对和调整其他测量器具,或作为标准量与被测量进行比较,例如,量块、标准线纹尺等。

　　2. 通用计量器具

　　通用计量器具能将被测量转换成可直接观测的指示值或等效信息的测量工具,例如,游标卡尺、万能测长仪等。按工作原理其分类如下:

　　(1) 游标类量具,例如,游标卡尺、游标高度尺以及万能角度尺等。

　　(2) 螺旋类量具,例如,千分尺、公法线千分尺等。

　　(3) 机械类量仪,例如,百分表、千分表、齿轮杠杆比较仪、扭簧比较仪等。

　　(4) 光学类量仪,例如,光学计、光学测角仪、光栅测长仪、激光干涉仪等。

　　(5) 电学类量仪,例如,电感比较仪、电动轮廓仪、容栅测位仪等。

（6）气动类量仪，例如，水柱式气动量仪、浮标式气动量仪等。

（7）微机化量仪，例如，微机控制的数显万能测长仪和三坐标测量机等。

3. 极限量规

极限量规是一种专用检验量具，使用极限量规不能测出被测工件的具体尺寸，只能确定被检验工件是否合格，如光滑极限量规、螺纹极限量规等。

4. 计量装置

计量装置是指为确定被测量所必需的计量器具和辅助设备的总体。它能够测量同一工件上较多的几何参数和形状比较复杂的工件，有助于实现检测自动化或半自动化。

3.3.2　计量器具的度量指标

计量器具的度量指标是表征计量器具技术性能和功用的计量参数，是合理选择和使用计量器具的重要依据。其中的主要指标如下：

1. 刻度间距

刻度间距是计量器具的刻度标尺或刻度盘上两相邻刻线中心之间的距离，一般为 1 ~ 2.5 mm。

2. 分度值

分度值是指计量器具的刻度标尺或刻度盘上每一刻线间距所代表的被测量的量值。一般计量器具的分度值有 0.1 mm、0.05 mm、0.02 mm、0.01 mm、0.005 mm、0.002 mm 和 0.001 mm 等。一般来说，分度值越小，计量器具的精度越高。

3. 测量范围

测量范围是计量器具所能测量尺寸的最小值到最大值的范围。机械比较仪的测量范围为 0 ~ 180 mm，如图 3 - 3 所示。

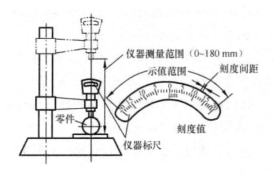

图 3 - 3　计量器具参数示意图

4. 示值范围

示值范围是计量器具所能显示（或指示）的最低值到最高值的范围。机械比较仪的示值范围为 - 20 ~ + 20 μm，如图 3 - 3 所示。

5. 灵敏度

灵敏度是指仪器指示装置发生最小变动时被测尺寸的最小变动量。一般来说，分度值越小，则计量器具的灵敏度越高。

6. 示值误差

示值误差是指计量器具上的示值与被测量的真值的代数差。一般来说,示值误差越小,则计量器具的精度越高。

7. 测量的重复性误差

在相同的测量条件下,对同一被测量进行连续多次测量时,所有测得值的分散程度即为重复性误差,它是计量器具本身各种误差的综合反映。

8. 不确定度

不确定度表示由于计量器具的误差而对被测量的真值不能肯定的程度。

3.3.3 测量方法的分类及测量方法

测量方法是指测量时所采用的测量原理、计量器具和测量条件的综合。但是在实际工作中,测量方法一般是指获得测量结果的具体方式,可从不同的角度对其进行分类。

1. 按是否直接量出所需的量值分类

(1)直接测量。直接测量是指在测量过程中直接得到被测量尺寸的数值或其相对于公称尺寸的实际偏差值。例如,用游标卡尺、内径百分表测量零件的直径。

(2)间接测量。间接测量是指在测量过程中先测量出与被测量值有关的几何参数,然后通过计算获得被测量值。例如,测量大圆柱形零件的直径 D 时,可先测出圆周长 L,然后通过函数关系 $D = L/\pi$ 算出零件的直径。

2. 按所测读数是否代表被测量值的绝对数字分类

(1)绝对测量。绝对测量是指在测量过程中测量的读数是被测量值的绝对数字。例如,用游标卡尺直接量出零件的实际尺寸。

(2)相对测量。相对测量是指在测量过程中测量所得的读数是被测尺寸相对于已知标准量(通常用量块体现)的偏差。由于标准量是已知的,因此,被测参数的整个量值等于仪器所指偏差与标准量的代数和。例如,用内径百分表测量零件的孔径。

3. 按被测零件的表面与测量头是否有机械接触分类

(1)接触测量。接触测量是指测量时计量器具的测量头与测量表面直接接触,并有机械作用的测量力存在。例如,用机械比较仪测量轴径。

(2)非接触测量。非接触测量是指测量时计量器具的测量头不与测量表面直接接触。例如,用光切显微镜测量表面粗糙度值。

4. 按零件被测参数的多少分类

(1)综合测量。综合测量是指同时测量工件上几个相关被测参数的综合效应或综合指标,以判断综合结果是否合格,而不要求知道有关单项值,也称综合检验。例如,用螺纹量规检验螺纹单一中径、螺距和牙侧角实际值的综合结果是否合格。

(2)单一测量。单一测量是对工件上的每一个被测参数进行独立测量。例如,用工具显微镜分别测量螺纹单一中径、螺距和牙侧角的实际值,并分别判断它们是否合格。通常在分析加工过程中造成次品的原因时,多采用单项测量。

5. 按测量时计量器具与测量头相对运动的状态分类

（1）静态测量。静态测量指在测量过程中,计量器具的测量头与被测零件处于相对静止状态,被测量的量值是固定的。例如,用机械比较仪测量轴径。

（2）动态测量。动态测量是指在测量过程中,计量器具的测量头与被测零件处于相对运动状态,被测量的量值是变化的。例如,用圆度仪测量圆度误差,用电动轮廓仪测量表面粗糙度值等。

6. 按测量时零件是否在线分类

（1）在线测量。在线测量是指在加工过程中对工件进行测量的测量方法,测量结果直接用来控制工件的加工过程,以决定是否需要继续加工或调整机床。在线测量能及时防止废品的产生,保证产品质量,是检测技术的发展方向。它主要应用在自动化生产线上。

（2）离线测量。离线测量是指在加工后对工件进行测量的测量方法,测量结果仅限于发现并剔除废品。

7. 按对同一量进行多次测量时影响测量误差的各种因素是否改变分类

（1）等精度测量。等精度测量是指对同一量进行多次重复测量时,对影响测量误差的各种因素,包括测量仪器、测量方法、测量环境条件、测量人员等都不改变的情况下所进行的一系列测量。等精度测量主要用来减少测量过程中随机误差的影响。

（2）不等精度测量。不等精度测量是指在对同一量进行多次重复测量中,采用不同的测量仪器、测量方法,或改变测量环境条件所进行的一系列测量。不等精度测量一般是为了在科研实验中进行高精度测量对比试验。

等精度测量与不等精度测量的性质不同,它们的数据处理方法也不相同,后者的数据处理比前者复杂。在进行等精度测量时,若测量条件变化,则客观上属于不等精度测量,这样往往会影响测量结果的可靠性。

3.4　常用长度量具的基本结构与原理

机械加工生产中最常用的量具有卡尺、千分尺、百分表和千分表。

3.4.1　游标卡尺

卡尺是利用游标读数的量具,其原理是将尺身（主尺）刻度$(n-1)$格间距,作为游标副尺刻度 n 格的间距宽度,两者刻度间距相差的数值,即为分度值。

卡尺分度值最常用的为 0.02 mm（即 1/50）,如图 3-4 所示。主尺 1 上的 49 mm 被游标副尺 7 分为 50 份（49/50 = 0.98 mm）,则分度值为（1-0.98）mm = 0.02 mm。

卡尺的量爪可测量工件的内、外尺寸,测量范围 0~125 mm 的卡尺还带有深度尺,可测量槽深及凸台高度。带有底座及辅件高度划线游标尺,可用于在平板上精确划线与测量,称为游标高度尺。

新型的卡尺为读数方便,装有测微表头或配有电子数显,如图 3-5 所示。

注意:图 3-4 所示的卡尺,在用内外测量爪 8 测内尺寸时,量爪宽度的 10.00 mm 要计入示值,否则示值与工件实际值不一致。

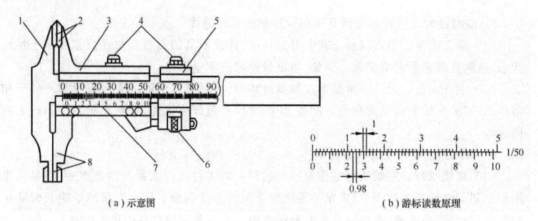

（a）示意图 （b）游标读数原理

图 3-4 游标卡尺

1—尺身；2—刀口外测量爪；3—尺框；4—锁紧螺钉；
5—微动装置；6—微动螺母；7—游标读数值；8—内外测量爪

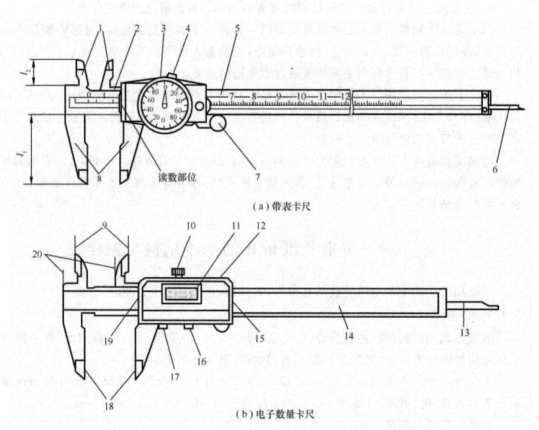

（a）带表卡尺

读数部位

（b）电子数量卡尺

图 3-5 其他卡尺

1—刀口形内测爪；2—尺框；3—指示表；4—紧固螺钉；5—尺身；6—深度尺；7—微动装置；8—外测量爪；
9—内测量面；10—固紧螺钉；11—液甫 示器；12—数据输出端口；13—深度尺；14—容尺；
15、19—去尘板；16—置零按钮；17—米/英制换算按钮；18—外测量面；20—台阶测量面

46

3.4.2　千分尺

千分尺是应用螺旋副读数原理进行测量的量具,如图 3 - 6 所示。由结构、用途不同分为外径千分尺、内径千分尺及深度千分尺等。

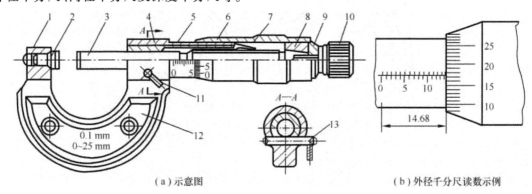

（a）示意图　　　　　　　　　　　　（b）外径千分尺读数示例

图 3 - 6　外径千分尺

1—尺架;2—测砧;3—测微螺杆;4—螺纹轴套;5—固定套筒;6—微分筒;
7—调节螺母;8—接头;9—垫片;10—测力装置;11—锁紧机构;12—绝热板;13—锁紧轴

千分尺的工作原理是用测微螺旋副,将带有 0 ~ 25 mm 长刻线的固定套筒 5(主尺)被测微螺杆 3(螺距 $P = 0.5$ mm)同轴的微分筒 6 上的 50 条等分刻度均分后而读取数值。

测量时,微分筒 6 每转动一格,测微螺杆 3 的轴向位移为 0.5 mm/50 = 0.01 mm。

千分尺的测量范围分为 0 ~ 25 mm,25 ~ 50 mm,…,475 ~ 500 mm,大型千分尺可达几米。

注意:0.01 mm 分度值的千分尺每 25 mm 为一规格档,应根据工件尺寸大小选择千分尺规格,使工件尺寸在其测量范围之内。

3.4.3　百分表和千分表

按分度值不同,精度为 0.01 mm 的称百分表;精度为 0.001 mm(或 0.002 mm)称为千分表,如图 3 - 7 所示。

其传动原理为当带齿条的测量杆 5 上、下移动 1 mm,则带动小齿轮 1($z_1 = 16$)转动,固联于同轴上的大齿轮 2($z_2 = 100$)也随之转动,从而带动中间齿轮 3($z_3 = 10$)及同轴上的指针 6 转动。由于百分表盘刻有 100 等分刻度,因此大指针转 1 圈,表盘上每一格的分度值为 0.01 mm。

为了消除传动齿轮的侧隙造成的测量误差,用游丝 8 消隙,弹簧 4 用于控制表的测量力。

使用百(千)分表时,需用表座(或磁力表座)支撑固定。表被夹于套筒 9 处后,再进行与工件相对位置的粗调与微调。

3.4.4　内径百分表

内径百分表是用相对法测量孔径、深孔、沟槽等内表面尺寸的量具。测量前应使用与工件同尺寸的环规(或千分尺)标定表的分度值(或零位)后,再进行比较测量。

内径百分表的结构由百分表和表架两部分组成,如图 3 - 8 所示。测量时,活动测量头 1 移动使杠杆 8 回转。传动杆 5 推动百分表的测量杆,使表指针转动而读取数值。

表架的弹簧 6 用于控制测量力;定位装置 9 可确保正确的测量位置,该处是显示内径读数

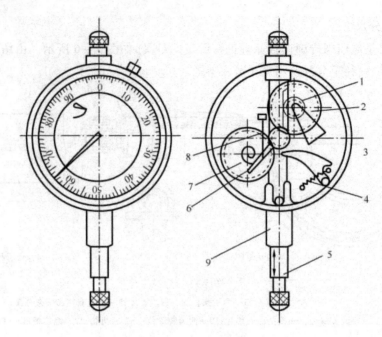

图 3 - 7　百分表

1—小齿轮;2、7—大齿轮;3—中间齿轮;4—弹簧;5—带齿条的测量杆;6—指针;8—游丝;9—套筒

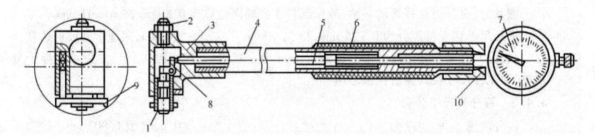

图 3 - 8　内径百分表(定位护桥式)

1—测量头;2—可换测头;3—主体;4—表架;
5—传动杆;6—弹簧;7—量表;8—杠杆;9—定位装置;10—螺母

的最大直径的位置。

　　带定位护桥内径表的测量范围为 6 ~ 10 mm,10 ~ 18 mm,…,250 ~ 400 mm。使用时,将量表 7 插入表架 4 的孔内,使表的测量杆与表架传动杆 5 接触,当表盘指示出一定预压值后,用旋合螺母 10 的锥面锁紧表头。当用环规或千分尺校出"0"位即可进行比较测量。

3.4.5　杠杆百分表

　　杠杆百分表是将杠杆测头的位移,通过机械传动系统,转化为表针的转动。分度值有0.01 mm、0.02 mm 或 0.001 mm。

　　杠杆百分表的外形与原理如图 3 -9 所示。测量时,杠杆测头 5 的位移,使扇形齿轮 4 绕其轴摆动,从而带动小齿轮 1 及同轴上的表针 3 偏转而指示读数,扭簧 2 用于复位。

　　由于杠杆百(千)分表体积较小,故可将表身伸入工件孔内测量,测头可变换测量方向,使

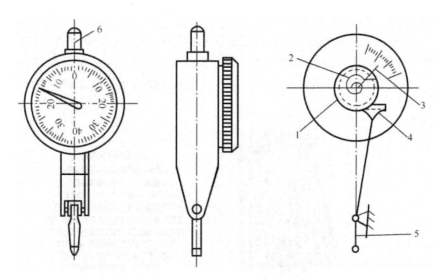

图 3 - 9　杠杆百分表

1—小齿轮；2—扭簧；3—表针；4—扇形齿轮；5—杠杆测头；6—表夹头

用极为方便。尤其对测量或加工中,小孔工件的找正,突显其精度高且灵活的特点。

杠杆表使用时,也需装夹于表座上,夹持部位为表夹头 6。

3.5　新技术在长度测量中的应用

随着科学技术的迅速发展,引用最新的技术成就,例如,光栅、激光、感应同步器、磁栅以及射线技术。特别是计算机技术的发展和应用,使得计量仪器跨跃到一个新领域。三坐标测量机和计算机完美的结合,出现了一批高效、新颖的几何量精密测量设备。

这里主要简单介绍光栅技术、激光技术和三坐标测量机。

3.5.1　光栅技术

1. 计量光栅

在长度计量测试中应用的光栅称为计量光栅。它一般是由很多间距相等的不透光刻线和刻线间透光缝隙构成。光栅尺的材料有玻璃和金属两种。

计量光栅一般可分为长光栅和圆光栅。长光栅的刻线密度有每毫米 25、50、100、250 条等。圆光栅的刻线数有 10 800 条和 21 600 条两种。

2. 光栅的莫尔条纹的产生

将两块具有相同栅距(W)的光栅的刻线面平行地叠合在一起,中间保持 0.01 ~ 0.1 mm 间隙,并使两光栅刻线之间保持一很小夹角(θ),如图 3 - 10(a)所示。于是在 a—a 线上,两块光栅的刻线相互重叠,而缝隙透光(或刻线间的反射面反光),形成一条亮条纹。而在 b—b 线上,两块光栅的刻线彼此错开,缝隙被遮住,形成一条暗条纹。由此产生的一系列明暗相间的条纹称为莫尔条纹。图 3 - 10(b)所示的莫尔条纹近似地垂直于光栅刻线,故称为横向莫尔条纹。两亮条纹或暗条纹之间的宽度 B 称为条纹间距。

3. 莫尔条纹的特性

（1）对光栅栅距的放大作用。根据图 3-10 所示的几何关系可知，当两光栅刻线的交角 θ 很小时 $B \approx W/\theta$，其中，θ 是以弧度为单位。此式说明，适当调整夹角 θ，可使条纹间距 B 比光栅栅距 W 放大几百位甚至更大，这对莫尔条纹的光敏接收器接收非常有利。

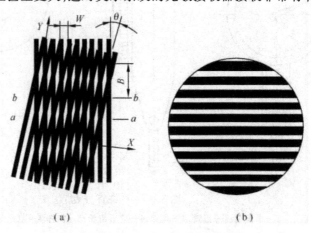

图 3-10　莫尔条纹

（2）对光栅刻线误差的平均效应。由图 3-10(a) 所示关系可以看出，每条莫尔条纹都是由许多光栅刻线的交点组成，所以个别光栅刻线的误差和疵病，在莫尔条纹中得到平均。设 δ_0 为光栅刻线误并，n 为光电接收器所接收的刻线数，则经莫尔条纹读出系统后的误差为 $\delta = \delta_0/\sqrt{n}$，由于 n 一般可以达几百条刻线，所以莫尔条纹的平均效应可使系统测量精度提高很多。

（3）莫尔条纹运动与光栅副运动的对应性。在图 3-11(a) 中，当两光栅尺沿 X 方向相对移动一个栅距 W 时，莫尔条纹在 Y 方向也随之移动一个莫尔条纹间距 B，即保持着运动周期的对应性；当光栅尺的移动方向相反时，莫尔条纹的移动方向也随之相反，即保持了运动方向的对应性。利用这个特性，可实现数字式的光电读数和判别光栅副的相对运动方向。

利用莫尔条纹这些特性，制成线位移传感器或角位移测量光栅盘的仪器，例如，三坐标测量机和数字式光学分度头等测量系统。

3.5.2　激光技术

激光是一种新型的光源，它具有其他光源所无法比拟的优点，即很好的单色性、方向性、相干性和能量高度集中性。现在，激光技术已成为建立长度计量基准和精密测试的重要手段。它不但可以用干涉法测量线位移，还可以用双频激光干涉法测量小角度，环形激光测量圆周分度，以及用激光准直技术来测量直线度误差等。这里主要介绍应用广泛的激光干涉测长仪的基本原理。

常用的激光干涉测长仪实质上就是以激光作为光源的迈克尔逊干涉仪，如图 3-11 所示。从激光器发出的激光束，经透镜 L、L_1 和光阑 P_1 组成的准直光管扩束成一束平行光，经分光镜 M 被分成两路，分别被棱镜 M_1 和 M_2 反射回到 M 重叠，被透镜 L_2 聚集到光电计数器 PM 处。当工作台带动棱镜 M_2 移动时，在光电计数处由于两路光束聚集产生干涉，形成明暗条纹，通过计数就可以计算出工作台移动的距离：

$$S = N\lambda / 2$$

式中　N——干涉条纹数；

　　　λ——激光波长。

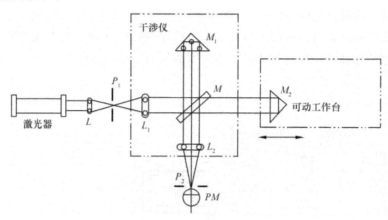

图 3 – 11　激光干涉测长仪原理

3.5.3　三坐标测量机

1. 三坐标测量机的应用

三坐标测量机是集精密机械、电子技术、传感器技术、电子计算机等现代技术之大成。对于三坐标测量机来说，任何复杂的几何表面与几何形状，只要测头能感受（或瞄准）到的地方，就可以测出它们的几何尺寸和相互位置关系，并借助于计算机完成数据处理。如果在三坐标测量机上设置分度头、回转台（或数控转台），除采用直角坐标系外，还可采用极坐标、圆柱坐标系测量，使测量范围更加扩大。对于有 x、y、z、ϕ（回转台）四轴坐标的测量机，常称为四坐标测量机。增加回转轴的数目，还有五坐标或六坐标测量机。

三坐标测量机具有以下特点：

（1）三坐标测量机与"加工中心"相配合，具有"测量中心"之功能。在现代化生产中，三坐标测量机已成为 CAD/CAM 系统中的一个测量单元，它将测量信息反馈到系统主控计算机，进一步控制加工过程，提高产品质量。

（2）三坐标测量机及其配置的实物编程软件系统以实物与模型的测量，得到的加工面几何形状的各种参数而生成加工程序，完成实物编程；借助于绘图软件等绘图设备，可得到整个实物的外观设计图样，实现设计、制造一体化的生产。

（3）多台测量机联机使用，组成柔性测量中心，可实现生产过程的自动检测提高生产效率。

正因如此，三坐标测量机越来越广泛地应用于机械制造、电子、汽车和航空航天等工业领域。

2. 三坐标测量机的主要技术特性

（1）三坐标测量机按检测精度分为精密万能测量机和生产型测量机。前者一般放于计量室，用于精密测量，分辨率有 0.1 μm、0.2 μm、0.5 μm、1 μm 几种规格；后者一般放于生产车间，用于加工过程中的检测，分辨率为 5 μm 或 10 μm。小型测量机分辨率可达 1 μm 或 2 μm。

（2）按操作方式不同可将三坐标测量机分为手动、机动和自动测量机三种；按结构形式可将其分为悬臂式、桥式、龙门式和水平臂式；按检测零件的尺寸范围可将其分为大、中、小三类（大型机的 x 轴测量范围大于 2 000 mm；中型机的 x 轴测量范围为 600 ~ 2 000 mm；小型三坐标测量机的 x 轴测量范围一般小于 600 mm）。

（3）三坐标测量机通常配置有测量软件系统、输出打印机、绘图仪等外围设备，增强了计算机的数据处理和自动控制等功能。其主体结构如图 3 - 12 所示。

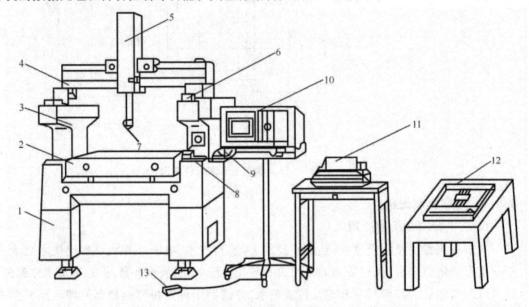

图 3 - 12　三坐标测量机

1—底座;2—工作台;3—立柱;4、5、6—导轨;7—测头;
8—驱动开关;9—键盘;10—计算机;11—打印机;12—绘图仪;13—脚开关

3. 测量原理

因所选用的坐标轴在空间方向自由移动，测量头在测量空间可达任意处测点。运动轨迹由测球中心点表示，计算机屏幕上立即显示出 x、y、z 方向的精确坐标值。测量时，零件放于工作台上，使测头与零件表面接触，三坐标机的检测系统即时计算出测球中心点的精确位置，当测球沿工件的几何形面移动时各点的坐标值被送入计算机，经专用测量软件处理后，就可以精确地计算出零件的几何尺寸和形位误差，实现多种几何量测量、实物编程、设计制造一体化、柔性测量中心等功能。

3.6　测量误差和数据处理

3.6.1　测量误差及其产生原因

测量误差是指测量结果与被测量的真值之差。即

$$\delta = l - \mu$$

式中　δ—绝对误差；

　　　l—测得值；

　　　μ—被测量的真值。

被测量的直值是难以得知的,在实际工作中,常以较高精度的测得值作为相对真值。例如,千分尺或比较仪的测得值作为相对真值,以确定游标卡尺测得值的测量误差,可见绝对误差δ的绝对值越小,测得值越接近于真值μ,测量的精确程度就越高;反之,精确程度就低。δ是代数值,可能为正值、负值或零。

测量误差有两种表示方法:绝对误差和相对误差。上式中的δ即为绝对误差,而相对误差f为测量的绝对误差与被测值之比,即

$$f \approx \frac{|\delta|}{l} \times 100\%$$

当被测量值相等或相近时,δ的大小可反映测量的精确程度;当被测量值相差较大时,则用相对误差较为合理。在长度测量中,相对误差应用较少,通常所说的测量误差,一般是指绝对误差。

为了提高测量精度,分析与估算测量误差的大小,就必须了解测量误差的产生原因及其对测量结果的影响。显然,产生测量误差的因素的很多的,归纳起来主要有以下六个方面:

（1）计量器具的误差。是指计量器具的内在误差,包括设计原理、制造、装配调整、测量力所引起的变形和瞄准所存在的误差的总和,反映在示值误差上,使测量结果各不相同。

（2）基准件误差。常用基准件如量块或标准件,都存在着制造误差和检定误差,一般取基准件的误差占总测量误差的1/5～1/3。

（3）测量方法误差。是指测量时选用的测量方法不完善而引起的误差。测量时,采用的测量方法不同,产生的测量误差也不一样。例如,测量基准、测量头形状选择不当,将产生测量误差;对高精度孔径测量使用气动仪比使用内径千分表要精确得多。

（4）安装定位误差。测量时,应正确地选择测量基准,并相应的确定被测件的安装方法。为了减少安装定位误差,在选择测量基准时,应尽量遵守"基准统一"原则,即工序检查应以工艺基准作为测量基准,终检时应以设计基准作为测量基准。

（5）环境条件所引起的测量误差。测量的环境条件包括温度、湿度、震动、气压、尘土、介质折射率等许多因素。一般情况下,可只考虑温度影响。其余诸因素,只有精密测量时才考虑。测量时,由于室温偏离标准温度20 ℃而引起的测量误差可由下式计算:

$$\Delta l = l[\alpha_1(t_1 - 20 \text{ ℃}) - \alpha_2(t_2 - 20 \text{ ℃})]$$

式中　l——被测件在20 ℃时的长度；

　　　t_1、t_2——分别为被测件与标准件的实际温度；

　　　α_1、α_2——分别为被测件与标准件的线膨胀系统。

（6）其他因素。例如,测量人员的技术水平、测量力的控制、心理状态、疲劳程度等。

3.6.2　测量误差的分类

测量误差按其性质分为三类,即系统误差、随机误差和粗大误差。

1. 系统误差

在相同条件下多次重复测量同一量值时,误差的数值和符号保持不变,或在条件改变时,按某一确定规律变化的误差称为系统误差。

系统误差按取值特征分为定值系统误差和变值系统误差两种。例如,在立式光学比较仪上用相对法测量工件直径,调整仪器零点所用量块的误差,对每次测量结果的影响都相同,属于定值系统误差;在测量过程中,若温度产生均匀变化,则引起的误差为线性系统变化,属于变值系统误差。系统误差对测量结果影响较大,应尽量减小或消除。

从理论上讲,当测量条件一定时,系统误差的大小和符号是确定的,因而,也是可以被消除的。但在实际工作中,系统误差不一定能够完全消除,只能减少到一定的限度。根据系统误差被掌握的情况,可分为已定系统误差和未定系统误差两种。

(1)已定系统误差是符号和绝对均已确定的系统误差。对于已定系统误差应予以消除或修正,即将测得值减去已定系统误差作为测量结果。例如,0～25 mm 千分尺两测量面合拢时读数不对准零位,而是 +0.005 mm,用此千分尺测量零件时,每个测得值都将大 0.005 mm。此时可用修正值 −0.005 mm 对每个测量值进行修正。

(2)未定系统误差是指符号和绝对值未经确定的系统误差。对未定系统误差应在分析原因、发现规律或采用其他手段的基础上,估计误差或能出现的范围,并尽量减少或消除。

2. 随机误差(偶然误差)

在相同条件下,多次测量同一量值时,误差的绝对值和符号以不可预定的方式变化着,但误差出现的整体是服从统计规律的,这种类型的误差称为随机误差。

1)随机误差的性质及其分布规律

大量的测量实践证明,多数随机误差,特别是在各不占优势的独立随机因素综合作用下的随机误差是服从正态分布规律的。其概率密度函数为

$$\gamma = \frac{1}{\sigma\sqrt{2\pi}}e^{-\frac{\delta^2}{2\sigma^2}}$$

式中　γ——概率密度;

　　e——自然对数的底数,$e = 2.71828$;

　　δ——随机误差,$\delta = l - \mu$;

　　σ——均方根误差,又称标准偏差,可按下式计算:

$$\sigma = \sqrt{\frac{\delta_1^2 + \delta_2^2 + \cdots + \delta_n^2}{n}} = \sqrt{\frac{\sum_{i=1}^{n}\delta_i^2}{n}}$$

式中　n——测量次数。

正态分布曲线如图 3-13(a)所示。

不同的标准偏差对应不同的正态分布曲线,如图 3-13(b)所示,若三条正态分布曲线 $\sigma_1 < \sigma_2 < \sigma_3$,则 $\gamma_{1max} > \gamma_{2max} > \gamma_{3max}$。表明 σ 愈小,曲线就愈陡,随机误差分布也愈集中,测量的可靠性也愈高。

由图 3 - 13(a) 所示曲线可知,随机误差有如下特性:

(1) 对称性:绝对值相等的正、负误差出现的概率相等。

(2) 单峰性:绝对值小的随机误差比绝对值大的随机误差出现的机会多。

(3) 有界性:在一定测量条件下,随机误差的绝对值不会大于某一界限值。

(4) 抵偿性:当测量次数 n 无限增多时,随机误差的算术平均值趋向于零。

即

$$\lim_{n \to \infty} \left[\sum_{i=1}^{n} (l_i - \mu)/n \right] = 0$$

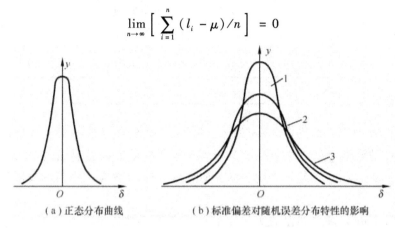

（a）正态分布曲线　　　　　（b）标准偏差对随机误差分布特性的影响

图 3 - 13　正态分布曲线和标准偏差对随机误差分布特性的影响

2) 随机误差与标准偏差之间的关系

根据概率论可知,正态分布曲线下所包含的全部面积等于随机误差 δ_i 出现的概率 P 的总和,即

$$P = \int_{-\infty}^{+\infty} \gamma d\delta = \frac{1}{\sigma \sqrt{2\pi}} \int_{-\infty}^{+\infty} e^{-\frac{\delta^2}{2\sigma^2}} d\delta = 1$$

说明全部随机误差出现的概率为 100%,大于零的正误差与小于零的负误差各为 50%。

设

$$z = \delta/\sigma, dz = d\delta/\sigma$$

则

$$P = \frac{1}{\sqrt{2\pi}} \int_{-\infty}^{+\infty} e^{-\frac{z^2}{2}} dz = 1$$

图 3 - 14 中,阴影部分的面积,表示随机误差 δ 落在 $0 \sim \delta_i$ 的范围内的概率,可表示为

$$P(\delta_i) = \frac{1}{\sigma \sqrt{2\pi}} \int_{0}^{\delta_i} e^{-\frac{\delta^2}{2\sigma^2}} d\delta$$

或写为

$$\phi(z) = \frac{1}{\sqrt{2\pi}} \int_{0}^{zi} e^{-\frac{z^2}{2}} dz$$

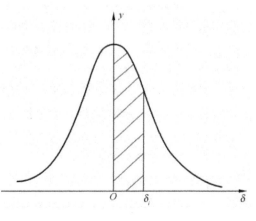

$\phi(z)$ 叫做概率函数积分。z 值所对应的积分值 $\phi(z)$,可由正态分布的概率积分表查

图 3 - 14　$0 \sim \delta_i$ 范围内的概率

出。表 3 - 2 所示为特殊 z 值和 $\phi(z)$ 的值，z 称为误差估值的置信系数。

表 3 - 2　z 和 $2\phi(z)$ 的一些对应值

$z = \dfrac{\delta}{\sigma}$	δ	不超出 δ 的概率 $2\phi(z)$	超出 δ 的概率 $1 - 2\phi(z)$	测量次数 n	超出 δ 的次数
0.67	0.67σ	0.497 2	0.502 8	2	1
1	1σ	0.682 6	0.317 4	3	1
2	2σ	0.954 4	0.045 6	22	1
3	3σ	0.997 3	0.002 7	370	1
4	4σ	0.999 9	0.000 1	15 625	1

表中 $\pm 1\sigma$ 范围内的概率为 68.26%，即约有 1/3 的测量次数的误差要超过 $\pm 1\sigma$ 的范围；$\pm 3\sigma$ 范围内的概率为 99.73%，则只有 0.27% 测量次数的误差要超过 $\pm 3\sigma$ 范围，可认为不会发生超过现象。所以，通常评定随机误差时就以 $\pm 3\sigma$ 作为单次测量的极限误差，即

$$\delta_{\lim} = \pm 3\sigma$$

可认为 $\pm 3\sigma$ 是随机误差的实际分布范围，即有界性的界限为 $\pm 3\sigma$。

3. 粗大误差

粗大误差的数值较大，它是由测量过程中各种错误造成的，对测量结果有明显的歪曲，如已存在，应予剔除。常用的方法为，当 $|\delta_i| > 3\sigma$ 时，测得值 l_i 就含有粗大误差，应予以剔除。3σ 即作为判别粗大误差的界限，此方法称 3σ 准则。

3.6.3　测量精度

测量精度是指测得值与真值的接近程度。精度是误差的相对概念。由于误差分系统误差和随机误差，此笼统的精度概念不能反映上述误差的差异，从而引出如下的概念：

（1）精密度：表示测量结果中随机误差大小的程度。精密度可简称"精度"。

（2）正确度：表示测量结果中系统误差大小程度，是所有系统误差的综合。

（3）精确度：表示测量结果受系统误差与随机误差综合影响的程度，也就是说，它表示测量结果与真值的一致程度。精确度也称准确度。

在具体测量中，精密度高，正确度不一定高；正确度高，精密度不一定也高。精密度和正确度都高，则精确度就高。

以射击为例，图 3 - 15(a) 所示为武器系统误差小而气象、弹药等随机误差大，即正确度高而精密度低；图 3 - 15(b) 所示为武器系统误差大而气象、弹药等随机误差小，正确度低而精密度高；图 3 - 15(c) 所示为系统误差和随机误差均小，即精确度高，说明各种条件都好。

3.6.4　直接测量列的数据

1. 算术平均值 $\bar{l}$

现对同一量进行多次等精度测量，其值分别为 $l_1, l_2, \cdots, l_n$。则

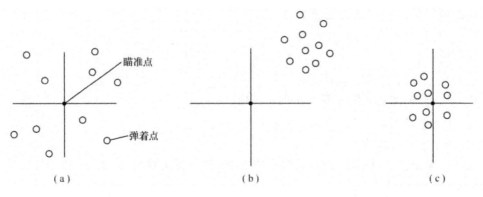

图 3 - 15　射弹散布精度

$$\overline{l} = \frac{l_1 + l_2 + \cdots + l_n}{n} = \frac{\sum\limits_{i=1}^{n} l_i}{n}$$

随机误差　　　　$\delta_1 = l_1 - \mu, \delta_2 = l_2 - \mu, \cdots, \delta_n = l_n - \mu$

相加则为　　　　$\delta_1 + \delta_2 + \cdots + \delta_n = (l_1 + l_2 + \cdots + l_n) - n\mu$

即　　　　　　　$\sum\limits_{i=1}^{n} \delta_i = \sum\limits_{i=1}^{n} l_i - n\mu$

其真值

$$\mu = \frac{\sum\limits_{i=1}^{n} l_i}{n} - \frac{\sum\limits_{i=1}^{n} \delta_i}{n} = \overline{l} - \frac{\sum\limits_{i=1}^{n} \delta_i}{n}$$

由随机误差的抵偿性可知,当 $n \to \infty$ 时,$\dfrac{\sum\limits_{i=1}^{n} \delta_i}{n} = 0$,故

$$\overline{l} = \mu$$

在消除系统误差的情况下,当测量次数很多时,算术平均值就趋近于真值。即用算术平均值来代替真值不仅是合理的,而且也是可靠的。

当用算术平均值 $\overline{l}$ 代替真值 μ 所计算的误差,称为残差 v,即

$$v_i = l_i - \overline{l}$$

残差具有下述两个特性:

(1) 残差的代数和等于零,即　　　　$\sum\limits_{i=1}^{n} v_i = 0$

(2) 残差的平方和为最小,即　　　　$\sum\limits_{i+1}^{n} v_i^2 = \min$

当误差平方和为最小时,按最小二乘法原理可知,测量结果是最佳值。这也说明了 $\overline{l}$ 是 μ 的最佳估值。

2. 测量列中任一测得值的标准偏差

由于真值不可知,随机误差 δ_i 也未知,标准偏差 σ 无法计算。在实际测量中,标准偏差 σ

用残差来估算,常用贝塞尔公式计算,即

$$S = \sqrt{\frac{\sum\limits_{i=1}^{n} v_i^2}{n-1}}$$

式中　　S——标准差即标准偏差 σ 的估算值;

　　　　v_i——残差;

　　　　n——测量次数。

任一测得值 l,其落在 $\pm 3\sigma$ 范围内的概率(称为置信概率,用 P 表示)为 99.73%,常用下式表示:

$$l = \bar{l} \pm 3S \quad (p = 99.37\%)$$

3. 测量列算术平均值的标准偏差

在多次重复测量中,是以算术平均值作为测量结果的,因此要研究算术平均值的可靠性程度。根据误差理论,在等精度测量时,算术平均值标准偏差为

$$\sigma_{\bar{l}} = \sqrt{\frac{\sigma^2}{n}} = \sigma / \sqrt{n} \approx \sqrt{\frac{\sum\limits_{i=1}^{n} v_i^2}{n(n-1)}} = \frac{S}{\sqrt{n}}$$

式中　　n——重复测量次数;

　　　　v_i——残差。

上式表明,在一定的测量条件下(即 σ 一定),重复测量 n 次的算术平均值的标准偏差为单次测量的标准偏差的 $\sqrt{n}$ 分之一,即它的测量精度要高。

但是,算术平均值的测量精度 $\sigma_{\bar{l}}$ 与测量次数 n 的平方根成反比,要显著提高测量精度,势必大大增加测量次数。但是当测量次数过大时,恒定的测量条件难以保证,可能会引起新的误差。因此一般情况下,取 $n \leqslant 10$ 为宜。

由于多次测量的算术平均值的极限误差为

$$\sigma_{\text{lim}} = \pm 3\sigma_{\bar{l}}$$

则测量结果表示为

$$L = \bar{l} \pm \delta_{\text{lim}} = \bar{l} \pm 3\sigma_{\bar{l}} \quad (P = 99.73\%)$$

【例 3-1】　用立式光学计对轴进行 10 次等精度测量,所得数据如表 3-3 所示(设不含系统误差和粗大误差),求测量结果。

表 3-3　精度测量值

l_i/mm	$v_i = (l_i - \bar{l})/\ \mu\text{m}$	$v_i^2/\ \mu\text{m}$
30.454	-3	9
30.459	+2	4
30.459	+2	4

l_i/mm	$v_i = (l_i - \overline{l})$ / μm	v_i^2 / μm
30.454	−3	9
30.458	+1	1
30.459	+2	4
30.456	−1	1
30.458	+1	1
30.458	+1	1
30.455	−2	4
$\overline{l}$ = 30.457	$\sum v_i = 0$	$\sum v_i^2 = 38$

解:

(1) 求算术平均值:

$$\overline{l} = \frac{\sum l_i}{n} = 30.457 \text{ mm}$$

(2) 求残余误差平方和:

$$\sum v_i = 0, \ \sum v_i^2 = 38 \ \mu m$$

(3) 求测量列任一测得值的标准差 S:

$$S = \sqrt{\frac{\sum v_i^2}{n-1}} = 2.05 \ \mu m$$

(4) 求任一测得值的极限误差:

$$\delta_{lim} = \pm 3S = \pm 6.15 \ \mu m$$

(5) 求测量列算术平均值的标准偏差 $\sigma_{\overline{l}}$:

$$\sigma_{\overline{l}} = \frac{S}{\sqrt{n}} = 0.65 \ \mu m$$

(6) 求算术平均值的测量极限误差:

$$\delta_{lim} = \pm 3\sigma_{\overline{l}} = \pm 1.95 \ \mu m \approx \pm 2 \ \mu m$$

轴的直径测量结果:

$$d = \overline{l} \pm 3\sigma_{\overline{l}} = (30.457 \pm 0.002) \text{ mm} \quad (P = 99.73\%)$$

3.7　光滑工件尺寸的检验

国家标准《光滑工件尺寸的检验》(GB/T 3177—2003)规定"应只接收位于规定尺寸极限的工件"原则,从而建立了在规定尺寸极限基础上的验收极限,有效地解决了"误收"和"误废"现象。

3.7.1　检验范围

使用普通计量器具,是指用游标卡尺、千分尺及车间使用的比较仪等,对公差等级为 6 ~

18级,公称尺寸小于500 mm的光滑工件的尺寸进行检验。本标准也适用于对一般公差尺寸工件的检验。

3.7.2 验收原则及方法

所用验收方法应只接收位于规定尺寸极限之内的工件。但由于计量器具和计量系统都存在误差,故不能测得真值。多九计量器具通常只用于测量尺寸,而不测量工件存在的形状误差。对遵循包容要求的尺寸,应把对尺寸及形状测量的结果综合起来,以判定工件是否超出最大实体边界。

为了保证验收质量,标准规定了验收极限、计量器具的测量不确定度允许值和计量器具的选用原则(但对温度、压陷效应等不进行修正)。

3.7.3 验收极限

验收极限是检验工件尺寸时判断合格与否的尺寸界限。

1. 验收极限方式的确定

验收极限可按下列两种方式进行确定:

(1)内缩方式。验收极限是从规定的最大实体极限(MML)和最小实体极限(LML)分别向工件公差带内移动一个安全裕度(A)来确定,如图3-16所示。

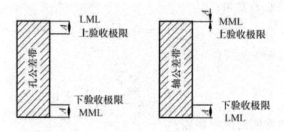

图3-16 验收极限与工件公差带图

上验收极限 = 上极限尺寸(D_{max},d_{max}) - 安全裕度(A)

下验收极限 = 下极限尺寸(D_{min},d_{min}) - 安全裕度(A)

A值按工件公差的1/10确定,其数值在表3-4中可查得。安全裕度A相当于测量中总的不确定度,它表征了各种误差的综合影响。

(2)不内缩方式。规定验收极限等于工件的最大实体极限(MML)和最小实体极限(LML),即A值等于零。

2. 验收极限方式的选择

验收极限方式的选择要结合尺寸功能要求及其重要程度、尺寸公差等级、测量不确定度和工艺能力等因素综合考虑。

(1)对遵循包容要求的尺寸、公差等级高的尺寸,其验收极限要选内缩方式。

(2)对非配合和一般公差的尺寸,其验收极限应选不内缩方式。

3.7.4 计量器具的选择

按照计量器具的测量不确定度允许值(u_1)选择计量器具。选择时,应使所选用的计量器具的测量不确定度u_1的数值等于或小于选定的不确定度允许值。

表 3-4 安全裕度（A）与计量器具的测量不确定度允许值（u_1）

公差等级		6					7					8					9					10					11				
					u_1					u_1					u_1					u_1					u_1					u_1	
公称尺寸/mm		T	A	I	II	III	T	A	I	II	III	T	A	I	II	III	T	A	I	II	III	T	A	I	II	III	T	A	I	II	III
大于	至																														
—	3	6	0.6	0.54	0.91	1.4	10	1.0	0.9	1.5	2.3	14	1.4	1.3	2.1	3.2	25	2.5	2.3	3.8	5.6	40	4.0	3.6	6.0	9.0	60	6.0	5.4	9.0	14
3	6	8	0.8	0.72	1.2	1.8	12	1.2	1.1	1.8	2.7	18	1.8	1.6	2.7	4.1	30	3.0	2.7	4.5	6.8	48	4.8	4.3	7.2	11	75	7.5	6.8	11	17
6	10	9	0.9	0.81	1.4	2.0	15	1.5	1.4	2.3	3.4	22	2.2	2.0	3.3	5.0	36	3.6	3.3	5.4	8.1	58	5.8	5.2	8.7	13	90	9.0	8.1	14	20
10	18	11	1.1	1.0	1.7	2.5	18	1.8	1.7	2.7	4.1	27	2.7	2.4	4.1	6.1	43	4.3	3.9	6.5	9.7	70	7.0	6.3	11	16	110	11	10	17	25
18	30	13	1.3	1.2	2.0	2.9	21	2.1	1.9	3.2	4.7	33	3.3	3.0	5.0	7.4	52	5.2	4.7	7.8	12	84	8.4	7.6	13	19	130	13	12	20	29
30	50	16	1.6	1.4	2.4	3.6	25	2.5	2.3	3.8	5.6	39	3.9	3.5	5.9	8.8	62	6.2	5.6	9.3	14	100	10	9.0	15	23	160	16	14	24	36
50	80	19	1.9	1.7	2.9	4.3	30	3.0	2.7	4.5	6.8	46	4.6	4.1	6.9	10	74	7.4	6.7	11	17	120	12	11	18	27	190	19	17	29	43
80	120	22	2.2	2.0	3.3	5.0	35	3.5	3.2	5.3	7.9	54	5.4	4.9	8.1	12	87	8.7	7.8	13	20	140	14	13	21	32	220	22	20	33	50
120	180	25	2.5	2.3	3.8	5.6	40	4.0	3.6	6.0	9.0	63	6.3	5.7	9.5	14	100	10	9.0	15	23	160	16	15	24	36	250	25	23	38	56
180	250	29	2.9	2.6	4.4	6.5	46	4.6	4.1	6.9	10	72	7.2	6.5	11	16	115	12	10	17	26	185	18	17	28	42	290	29	26	44	65
250	315	32	3.2	2.9	4.8	7.2	52	5.2	4.7	7.8	12	81	8.1	7.3	12	18	130	13	12	19	29	210	21	19	32	47	320	32	29	48	72
315	400	36	3.6	3.2	5.4	8.1	57	5.7	5.1	8.4	13	89	8.9	8.0	13	20	140	14	13	21	32	230	23	21	35	52	360	36	32	54	81
400	500	40	4.0	3.6	6.0	9.0	63	6.3	5.7	9.5	14	97	9.7	8.7	15	22	155	16	14	23	35	250	25	23	38	56	400	40	36	60	90

续表

| 公称尺寸/mm | | 12 | | u_1 | | 13 | | u_1 | | 14 | | u_1 | | 15 | | u_1 | | 16 | | u_1 | | 17 | | u_1 | | 18 | | u_1 | |
大于	至	T	A	I	II	T	A	I	II	T	A	I	II	T	A	I	II	T	A	I	II	T	A	I	II	T	A	I	II
—	3	100	10	9.0	15	140	14	13	21	250	25	23	38	400	40	36	60	600	60	54	90	1000	100	90	150	1400	140	135	210
3	6	120	12	11	18	180	18	16	27	300	30	27	45	480	48	43	72	750	75	68	110	1200	120	110	180	1800	180	160	270
6	10	150	15	14	23	220	22	20	33	360	36	32	54	580	58	52	87	900	90	81	140	1500	150	140	230	2200	220	200	330
10	18	180	18	16	27	270	27	24	41	430	43	39	65	700	70	63	110	1100	110	100	170	1800	180	160	270	2700	270	240	400
18	30	210	21	19	32	330	33	30	50	520	52	47	78	840	84	76	130	1300	130	120	200	2100	210	190	320	3300	330	300	490
30	50	250	25	23	38	390	39	35	59	620	62	56	93	1000	100	90	150	1600	160	140	240	2500	250	220	380	3900	390	350	580
50	80	300	30	27	45	460	46	41	69	740	74	67	110	1200	120	110	180	1900	190	170	290	3000	300	270	450	4600	460	410	690
80	120	350	35	32	53	540	54	49	81	870	87	78	130	1400	140	130	210	2200	220	200	330	3500	350	320	530	5400	540	480	810
120	180	400	40	36	60	630	63	57	95	1000	100	90	150	1600	160	150	240	2500	250	230	380	4000	400	360	600	6300	630	570	940
180	250	460	46	41	69	720	72	65	110	1150	115	100	170	1850	180	170	280	2900	290	260	440	4600	460	410	690	7200	720	650	1080
250	315	520	52	47	78	810	81	73	120	1300	130	120	190	2100	210	190	320	3200	320	290	480	5200	520	470	780	8100	810	730	1210
315	400	570	57	51	86	890	89	80	130	1400	140	130	210	2300	230	210	350	3600	360	320	540	5700	570	510	850	8900	890	800	1330
400	500	630	63	57	95	970	97	87	150	1500	150	140	230	2500	250	230	380	4000	400	360	600	6300	630	570	950	9700	970	870	1450

计量器具的测量不确定度允许值(u_1),按安全裕度 A 与工件公差的比值分档。对 IT6 ~ IT11 级分为Ⅰ、Ⅱ、Ⅲ三档,分别为工件公差的 1/10、1/6、1/4,如表 3-4 所示。对 IT12 ~ IT18 级分别为Ⅰ、Ⅱ两档。

计量器具的测量不确定度允许值(u_1)约为安全裕度 A 的 0.9 倍,即

$$u_1 = 0.9A$$

一般情况下应优选用Ⅰ档,其次选用Ⅱ、Ⅲ档。

选择计量器具时,应保证其不确定度不大于其允许值(u_1)。有关量仪的不确定 u_1 值如表 3-5 ~ 表 3-8 所示。

表 3-5　安全裕度 A 及计量器具不确定度的允许值 u_1 　　　　（单位:mm）

零　件　公　差　值 T		安全裕度 A	计量器具的不确定度的允许值 u_1
大于	至		
0.009	0.018	0.001	0.000 9
0.018	0.032	0.002	0.001 8
0.032	0.058	0.003	0.002 7
0.058	0.100	0.006	0.005 4
0.100	0.180	0.010	0.009 0
0.180	0.320	0.018	0.016 0
0.320	0.580	0.032	0.029 0
0.580	1.000	0.060	0.054 0
1.000	1.800	0.100	0.090 0
1.800	3.200	0.180	0.160 0

表 3-6　千分尺和游标卡尺的不确定度 u_1 　　　　（单位:mm）

尺寸范围	计　量　器　具　类　型			
	分度值 0.01 千分尺	分度值 0.01 内径千分尺	分度值 0.02 游标卡尺	分度值 0.02 游标卡尺
	不　确　定　度			
0 ~ 50	0.004			
50 ~ 100	0.005	0.008		0.050
100 ~ 150	0.006		0.020	
150 ~ 200	0.007			
200 ~ 250	0.008	0.013		
250 ~ 300	0.009			0.100
300 ~ 350	0.010	0.020	0.010	
350 ~ 400	0.011			

续表

尺寸范围	计量器具类型			
	分度值0.01千分尺	分度值0.01内径千分尺	分度值0.02游标卡尺	分度值0.02游标卡尺
	不 确 定 度			
400～450	0.012	0.020		0.100
450～500	0.013	0.025		
500～600			0.010	
600～700		0.030		
700～1000				0.150

注:本表仅供参考。

表3－7　比较仪的不确定度　　　　　　　　　　（单位:mm）

尺 寸 范 围		所 使 用 的 计 量 器 具			
		分度值为0.0005 mm（相当于放大倍数2000倍）的比较仪	分度值为0.001 mm（相当于放大倍数1000倍）的比较仪	分度值为0.002 mm（相当于放大倍数400倍）的比较仪	分度值为0.005 mm（相当于放大倍数250倍）的比较仪
大于	至	不 确 定 度			
	25	0.0006	0.0010	0.0017	0.0030
25	40	0.0007			
40	65	0.0008	0.0011	0.0018	
65	90	0.0008			
90	115	0.0009	0.0012	0.0019	
115	165	0.0010	0.0013		
165	215	0.0012	0.0014	0.0020	
215	265	0.0014	0.0016	0.0021	0.0035
265	315	0.0016	0.0017	0.0022	

注:测量时,使用的标准器由4块1级(或4等)量块组成。本表仅供参考。

表 3 - 8　指示表的不确定度　　　　　　　　　　　　　　（单位:mm）

尺 寸 范 围		所 使 用 的 计 量 器 具			
		分度值为 0.001 mm 的千分表(0 级在全程范围内,1 级在 0.2 mm 内)分度值为 0.002 mm 的千分表(在一转范围内)	分度值为 0.001、0.002、0.005 mm 的千分表(1 级在全程范围内)分度值为 0.01 mm 的百分表(0 级在任意 1 mm 内)	分度值为 0.01 mm 的百分表(0 级在全程范围内,1 级在任意 1 mm 内)	分度值为 0.01 mm 的百分表(1 级在全程范围内)
大于	至	不 确 定 度			
	25				
25	40				
40	65	0.005			
65	90				
90	115		0.010	0.018	0.030
115	165				
165	215	0.006			
215	265				
265	315				

注:测量时,使用的标准器由 4 块 1 级(或 4 等)量块组成。本表仅供参考。

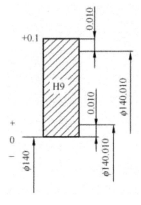

【例 3 - 2】　试确定 $\phi140H9\left(^{+0.1}_{0}\right)Ⓔ$ 的验收极限,并选择相应的计量器具,如图 3 - 17 所示。

解:由表 3 - 3 可知,公称尺寸 $>120 \sim 180$ mm、精度等级为 IT9 时,$A = 10$ μm,$(u_1) = 9$ μm(Ⅰ档)。

由于工件尺寸采用包容要求,应按内缩方式确定验收极限:

上验收极限 $= D_{max} - A = (140 + 0.01 - 0.010)$ mm

　　　　　　　$= 140.090$ mm

下验收极限 $= D_{min} - A = (140 + 0.010)$ mm $= 140.010$ mm

由表 3 - 6 可知,在工件尺寸小于或等于 150 mm、分度值为

图 3 - 17　【例 3 - 2】图

0.01 mm 的内径千分尺的不确定度为 0.008 mm,小于 $(u_1) = 0.009$ mm,可满足要求。

本章小结

1. 本章学习了关于检测的基本概念、术语、长度量值传递系统;按"级"、按"等"使用量块等知识。

2. 对于常用长度量具(卡尺、千分尺、千分表等)不但应掌握其结构和读数原理,更应达到正确熟练地测量产品尺寸大小的技能。

3. 对三坐标测量机应知道其功能和在现代化生产中的重要作用。

4. 通过实测工作或习题,达到能正确的选择测量器具,确定验收极限,能写出测量结果及报告。

练习题

3-1 量块的"等"和"级"有何区别？举例说明如何按"等"、按"级"使用量块。

3-2 对同一尺寸,进行 10 次等精度测量,顺序如下(单位:mm):

10.013、10.016、10.013、10.011、10.014、10.010、10.012、10.013、10.016、10.011。

(1) 判断有无粗大误差,有无系统误差。

(2) 求出测量列任一测得值的标准偏差。

(3) 求出测量列总体算术平均值的标准偏差。

(4) 求出算术平均值的测量极限误差,并确定测量结果。

3-3 已知某轴尺寸为 $\phi20f10$Ⓔ试选择测量器具并确定验收极限。

第 **4** 章　几何公差及其误差的检测

1. 掌握各种几何公差的项目符号、公差带含义以及标注方法。
2. 掌握几何公差的评定原则最小条件的实质,了解最小区域判别法及几何误差检测原则。
3. 掌握公差原则和公差要求的应用。
4. 初步掌握几何公差的选用原则。

4.1　概　　述

4.1.1　几何误差对零件使用性能的影响

零件在加工过程中,机床、夹具、刀具组成的工艺系统本身的误差,以及加工中工艺系统的受力变形、振动、磨损等因素,都会使加工后的零件的形状及其构成要素之间的位置与理想的形状和位置存在一定的差异,这种差异即是形状误差和位置误差,统称几何误差。零件的几何误差直接影响零件的使用性能,主要表现在以下几个方面。

(1)影响零件的配合性质。例如,圆柱表面的形状误差,在有相对运动的间隙配合中会使间隙大小沿结合面长度方向分布不均,造成局部磨损加剧,从而降低运动精度和零件的寿命;在过盈配合中,会使结合面各处的过盈量大小不一,影响零件的连接强度。

(2)影响零件的功能要求。例如,机床导轨的直线度误差,会影响运动部件的运动精度,变速箱中的两轴承孔的平行度误差,会使相互啮合的两齿轮的齿面接触不良,降低承载能力。

(3)影响零件的可装配性。例如,在轴、孔结合中,轴的形状误差和位置误差都会使轴、孔无法装配,如图 4-1 所示。

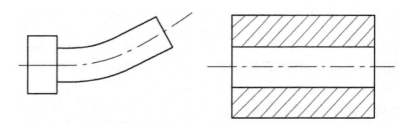

图 4-1　几何误差对零件装配性的影响

可见,几何误差影响着零件的使用性能,进而会影响到机器的质量,所以必须采用相应的公差进行限制。

4.1.2 几何公差研究的对象

几何公差是用来限制几何误差的,几何公差研究的对象是零件的几何要素。GB/T 1182—2008 中,"几何公差"取代旧标准中的"形状和位置公差"。构成零件几何特征的点、线、面称作零件的几何要素,简称要素,如图 4-2 所示。

为了便于研究几何公差,可将要素按如下方式进行分类。

1. 按存在的状态分

(1)实际要素:零件上实际存在的要素,通常用测得要素来代替。由于存在测量误差,测得要素并非是实际要素的真实体现。

(2)理想要素:具有几何学意义的要素,即设计图样上给出的要素,它不存在任何误差。

2. 按所处的地位分

(1)被测要素:零件设计图样上给出了形状或位置公差的要素,即需要检测的要素,例如,图 4-3 所示的 ϕd 圆柱面和 ϕD 圆柱轴线。

(2)基准要素:用来确定被测要素方向和(或)位置的要素,例如,图 4-3 所示的 ϕd 圆柱面的轴线。

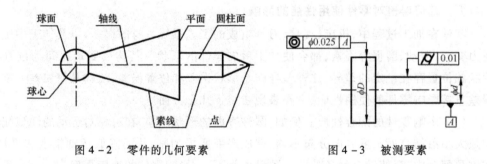

图 4-2   零件的几何要素   图 4-3   被测要素

3. 按结构特征分

(1)轮廓要素:构成零件外形的要素,例如,图 4-2 所示的圆柱面、球面、素线、平面等。轮廓要素是具体要素。

(2)中心要素:对称轮廓要素的对称中心面、中心线或点,例如,图 4-2 所示的球心、轴线。中心要素是抽象要素。

4. 按功能关系分

(1)单一要素:仅对其本身给出形状公差要求的要素,例如,图 4-3 所示的 ϕd 圆柱面。

(2)关联要素:对其他要素有功能关系的要素,即给出位置公差要求的要素,例如,图 4-3所示的 ϕD 圆柱轴线。

4.1.3 几何公差的特征项目符号

国家标准《产品几何技术规范(GPS)几何公差形状、方向、位置和跳动公差标注》(GB/T 1182—2008)规定了 19 种几何公差项目,其名称和符号如表 4-1 所示。

表 4 - 1　几何公差特征项目符号

公差类型	几何特征	符　号	有无基准	公差类型	几何特征	符　号	有无基准
形状公差	直线度	—	无	位置公差	位置度	⊕	有或无
	平面度	▱	无		同心度（用于中心点）	◎	有
	圆度	○	无		同轴度（用于轴线）	◎	有
	圆柱度	⌭	无				
	线轮廓度	⌒	无		对称度	═	有
	面轮廓无	⌓	无		线轮廓度	⌒	有
方向公差	平行度	∥	有		面轮廓度	⌓	有
	垂直度	⊥	有	跳动公差	圆跳动	↗	有
	倾斜度	∠	有		全跳动	⌰	有
	线轮廓度	⌒	有				
	面轮廓度	⌓	有				

4.1.4　几何公差的标注

对零件的几何要素有几何公差要求时,应在设计图样上,按国家标准(GB/T 1182—2008)的规定,用几何公差框格、基准符号和指引线进行标注。

1. 几何公差框格

公差框格是由两格或多格组成的矩形框格,如图 4 - 4 所示。在零件图样上只能沿水平或垂直放置。框格中从左到右或从下到上依次填写下列内容:

第一格:几何公差特征项目符号。

第二格:几何公差值及附加要求。

第三格:基准字母(没有基准的几何公差框格只有前两格)。

填写公差框格应注意以下四点:

(1)几何公差值均以 mm 为单位的线性值表示,根据公差带的形状不同,在公差值前加注不同的符号或不加符号,如图 4 -4(a)、(b)、(e)所示。

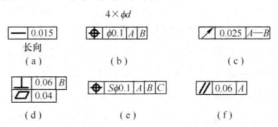

图 4 - 4　公差框格

(2)多个被测要素有相同的几可公差要求时,应在框格上方注明被测要素的数量,如图 4 -4(b)所示。对被测要素的其他说明,应在框格的下方注明,如图 4 -4(a)所示。

（3）对同一被测要素有两个或以上的公差特征项目要求时，允许将一个框格放在另一个框格的下方，如图 4-4(d) 所示。

（4）对被测要素的形状在公差带内有进一步的限定要求时，应在公差值后面加注相应的符号，如表 4-2 所示。

表 4-2　几何公差标注中的有关符号

符　号	距　离	含　义
(+)	— | $t(+)$	只许中间向材料外凸起
(-)	▱ | $t(-)$	只许中间向材料内凹起
(▷)	⌀ | ▷	只许从左至右减小
(◁)	⌀ | ◁	只许从右至左减小

2. 被测要素的标注

用带箭头的指引线将公差框格与被测要素相连来标注被测要素。指引线与框格的连接可采用图 4-5(a)、(b)、(c) 所示的方法，指引线由框格中部引出，也可采用图 4-5(d) 所示的方法。指引线带箭头的一端与被测要素相连，箭头方向应垂直于被测要素，即与公差带的宽度或直径方向相同，该方向也是几何误差的测量方向。

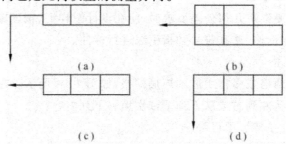

图 4-5　指引线与公差框格的连接

不同的被测要素，箭头的指示位置也不同。

（1）被测要素为轮廓要素时，箭头应直接指向被测要素或其延长线，并且与相应轮廓的尺寸线明显错开，如图 4-6(a) 所示。

（2）被测要素为某要素的局部要素，而且在视图上表现为轮廓线时，可用粗点画线表示出被测范围，箭头指向点画线，如图 4-6(b) 所示。

（3）被测要素为视图上的局部表面时，可用带圆点的参考线指明被测要素（圆点应在被测表面上），面将指引线的箭头指向参考线，如图 4-6(c) 所示。

（4）被测要素为中心要素时，箭头应与相应轮廓尺寸线对齐，如图 4-6(d) 所示。

（5）标注位置受到限制时，可以用字母表示被测要素，如图 4-7(b)、(d) 所示。

值得注意的是，图 4-7 所示各图中的表示意义是不同的。图 4-7(a)、(b) 所示为三个被测表面的几何公差要求相同，但有各自独立的公差带；图 4-7(c)、(d) 所示为三个被测表面的几何公差要求相同，而且有公共公差带。

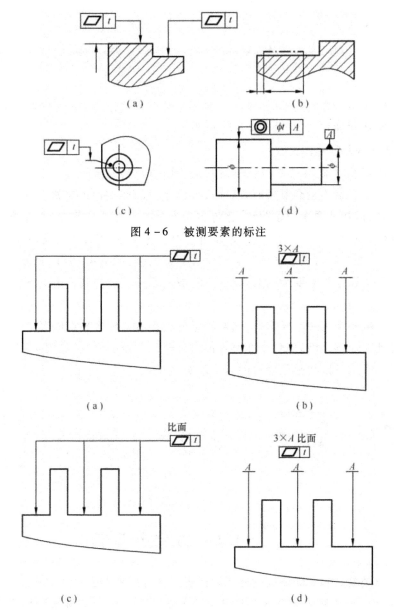

图 4 - 6　被测要素的标注

图 4 - 7　标注位置受限时被测要素的标注

3. 基准要素的标注

几何公差标注中,基准要素用基准符号表示。基准符号用一个大写字母表示。字母标注在基准方格内与一个涂黑的或空白的三角形相连以表示基准,涂黑的和空白的基准三角含义相同,如图 4-8所示。基准字母采用大写的英文字母,为避免引起误会,不使用字母 E、F、I、J、M、L、O、P、R。

1）基准字母的标注

基准标注中,无论基准符号的方向如何,基准字母都必须沿水平方向书写,如图 4 - 8所示。

基准字母应填写在的相应位置上。只有一个基准要素时,按图 4 - 4(f)所示方式填写;由

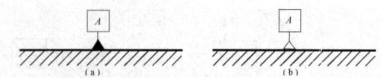

图 4 – 8　基准符号

两个要素组成一个公共基准时,按图 4 – 4(c)所示方式填写;由三个要素组成基准体系时,应按优先次序从左到右填写,如图 4 – 4(e)所示。

2)基准符号的标注位置

不同的基准要素,基准符号的标注位置不同,如图 4 – 9 所示。

(1)基准要素为轮廓要素时,基准符号的涂黑的或空白的基准三角形的位置有两种标注方法,一是靠近基准要素的轮廓线,且与相应轮廓的尺寸线明显错开,基准符号应位于基准要素实体外侧,如图 4 – 9(a)所示;二是靠近基准要素轮廓线的延长线,且与相应轮廓的尺寸线明显错开,基准符号可位于基准要素实体外侧或内侧,如图 4 – 9(b)所示。

(2)基准要素为某要素的局部轮廓面,或是零件图上与某投影面平行的轮廓面时,可采用图 4 – 9(c)、(d)的方法标注。

(3)基准要素为中心要素时,基准符号的连线应与相应轮廓的尺寸线对齐,而且无论该中心要素是外表面还是内表面,基准符号都应位于尺寸线的外侧,如图 4 – 9(e)所示。有时基准符号的粗短横线可以代替尺寸线的一个箭头。

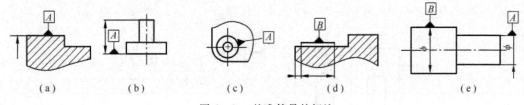

图 4 – 9　基准符号的标注

4.2　几何公差带

几何公差是被测实际要素的形状和位置所允许的变动量。几何公差是限制实际被测要素变动的区域。该区域的大小取决于几何公差值,也就是说,实际被测要素位于几何公差带以内,则该要素符合设计要求,否则,不符合设计要求。由于被测要素是零件的空间几何要素,因此限制其变动的几何公差也是一种空间区域。显然,几何公差带具有大小、形状、方向和位置四个要素。

几何公差带的形状取决于被测要素的理想形状和设计要求,也是评定几何误差的依据,主要包括 9 种:一个圆、一个圆柱面、一个球、两平行直线、两同心圆、两等距曲线、两平行平面、两同轴圆柱、两等距曲面,如图 4 – 10 所示。

要合理设计、制造、检测和验收零件,必须对几何公差带四要素有正确的理解。

4.2.1　形状公差和形状公差带

形状公差是单一实际被测要素对其理想要素所允许的变动全量。形状公差带是限制单一

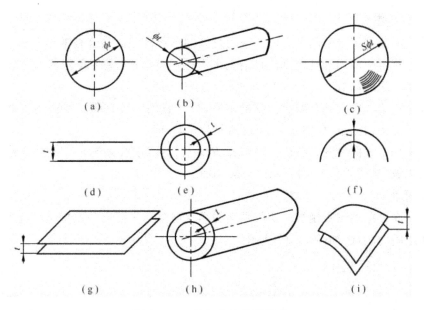

图 4 – 10　几何公差带的形状

实际被测要素的形状变动的区域。它包括直线度、平面度、圆度和圆柱度等项目。

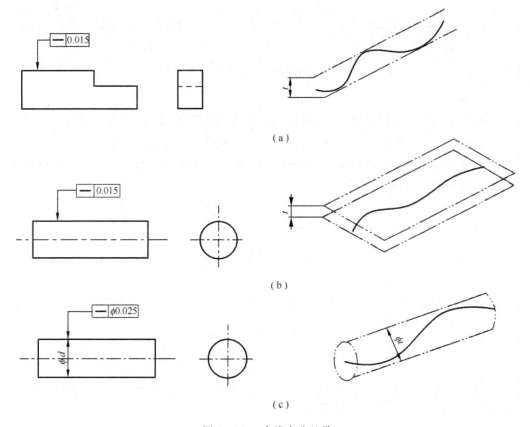

图 4 – 11　直线度公差带

1. 直线度

直线度公差用于限制平面内或空间直线的形状误差。其公差带分为如下三种情况：

（1）给定平面内的直线度。在给定平面内，直线度公差带是距离为直线度公差值 t 的两平行直线之间的区域，如图 4-11(a)所示（$t=0.015$）。

（2）给定方向上的直线度。在给定方向上，直线度公差带是距离为直线度公差值 t 的两平行平面之间的区域，如图 4-11(b)所示（$t=0.015$）。

（3）任意方向上的直线度。在任意方向上，直线度公差带是直径为直线度公差值 t 的圆柱内的区域，如图 4-11(c)所示（$t=\phi0.025$）。

2. 平面度

平面度公差用于限制被测实际平面的形状误差。平面度公差带是距离为公差值 t 的两平行平面之间的区域，如图 4-12 所示。

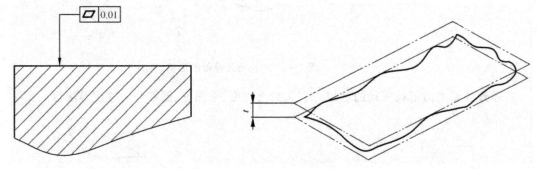

图 4-12　平面度公差带

3. 圆度

圆度公差用于限制回转表面（例如，圆柱面、圆锥面、球面）径向截面轮廓的形状误差。其公差带是在任意正截面上，半径差为公差值 t 的两同心圆之间的区域。在图 4-13 所示的圆度公差带中，被测圆柱面和被测圆锥面的任意一个正截面的实际圆周，必须位于半径差是 0.01 的两同心圆之间。

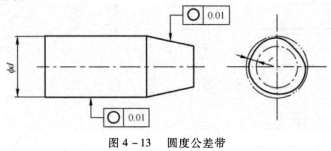

图 4-13　圆度公差带

4. 圆柱度

圆柱度公差用于限制被测实际圆柱面的形状误差。其公差带是半径差为公差值 t 的两同轴圆柱之间的区域，如图 4-14 所示（$t=0.015$）。

需要注意的是，圆柱度公差可以同时限制实际圆柱表面的圆度误差和素线的直线度误差。

由上述示例可以看出，形状公差带的特点是其方向和位置可随被测实际要素而变动，即形

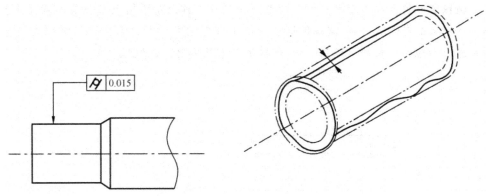

图 4 – 14　圆柱度公差带

状公差带的方向和位置是浮动的。

4.2.2　轮廓度公差及其公差带

轮廓度公差包括线轮廓度公差和面轮廓度公差。无基准要求时为形状公差,有基准要求时为位置公差。

1. 线轮廓度

线轮廓度公差用于限制平面曲线或曲面的截面轮廓的形状误差。其公差带是包络一系列直径为公差值 t 的圆的两包络线之间的区域,诸圆的圆心应位于理想轮廓线上。理想轮廓线的形状和位置由基准和理论正确尺寸确定。图 4 – 15 所示为在平行于图样所示投影面的任意一截面上,被测轮廓线必须位于包络一系列直径为 0.04,且圆心在理想轮廓线上的两包络线之间的区域。图 4 – 15(a)所示为形状公差,图 4 – 15(b)所示为位置公差。

理论正确尺寸(角度)是用来确定被测要素的理想形状、理想方向或理想位置的尺寸(角度),在图样上用加方框的数字表示。它仅表达设计时对被测要素的理想要求,故该尺寸不带公差。

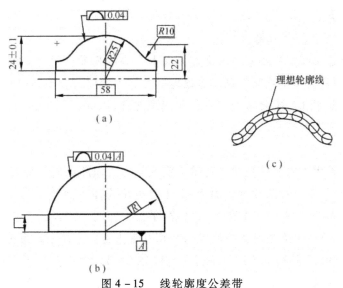

图 4 – 15　线轮廓度公差带

2. 面轮廓度

75

面轮廓度公差用于限制一般曲面的形状误差。其公差带是包络一系列直径为公差值 t 的球的两包络面之间的区域,诸球的球心应位于理想轮廓面上。图 4－16 所示为实际被测轮廓面必须位于包络一系列直径为 0.02 的球的两包络面之间的区域。

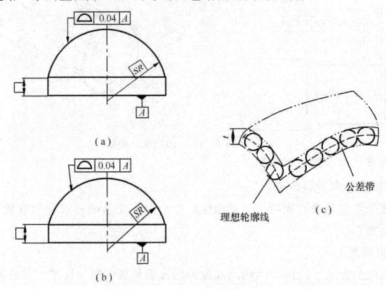

图 4－16　面轮廓度公差带

需要注意的是,面轮廓度公差可以同时限制被测曲面的面轮廓度误差和面上任意一截面的线轮廓度误差。

4.2.3　位置公差及其公差带

位置公差是关联实际要素的位置对基准所允许的变动全量。位置公差带是限制关联实际要素变动的区域。按照关联要素对基准功能要求的不同,位置公差可分为定向公差、定位公差和跳动公差三类。

1. 定向公差及其公差带

定向公差是关联实际要素对基准在方向上允许的变动全量,用于限制被测要素对基准方向的变动,因而其公差带相对于基准有确定的方向。定向公差包括平行度、垂直度和倾斜度三项。由于被测要素和基准要素均有平面和直线之分,因此三项定向公差均有线对线、线对面、面对面和面对线四种形式。

1）平行度

平行度公差用于限制被测要素对基准要素平行方向的误差。平行度公差带的形状有两平行平面、两组平行平面和圆柱等。图 4－17(a)所示为面对面的平行度公差,其公差带是距离为公差值 $t(0.05)$,且平行于基准面(A)的两平行平面之间的区域。被测平面必须位于该区域内。图 4－17(b)所示为线对线在给定两个相互垂直方向上的平行度公差,其公差带是距离分别为公差值 $t_1(0.1)$ 和 $t_2(0.2)$,且平行于基准轴线(A)的两组平行平面之间的区域。被测轴线必须位于该区域内。图 4－17(c)和图 4－17(d)所示为线对面和面对线的平行度公差,读者可自行分析其公差带。

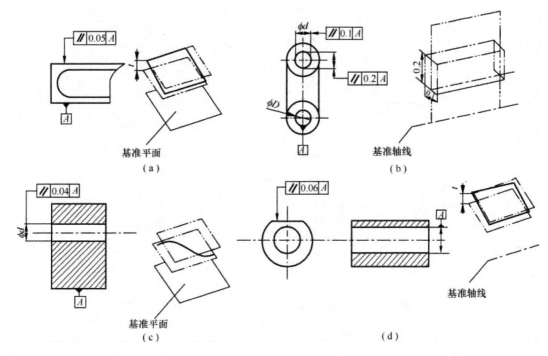

图 4 - 17　平行度公差带

　　显然,平行度公差带与基准平行。

　　2) 垂直度

　　垂直度公差用于限制被测要素对基准要素垂直方向的误差。垂直度公差带的形状有两平行平面、两组相互垂直的平行平面和圆柱等。图 4 - 18(a) 所示为面对面的垂直度公差,其公差带是距离为公差值 $t(0.06)$,且垂直于基准面(A)的两平行平面之间的区域。图 4 - 18(b) 所示为线对面在任意方向的垂直度公差,其公差带是直径为公差值 $t(\phi0.03)$,且垂直于基准面(A)的圆柱内的区域。图 4 - 18(c) 和图 4 - 19 分别为线对线、线对面在给定一个方向上以及面对线的垂直度公差。

　　显然,垂直度公差带与基准垂直。

　　3) 倾斜度

　　倾斜度公差用于限制被测要素对基准倾斜方向的误差。其公差带的形状有两平行平面、两平行直线、圆柱等。图 4 - 20(a) 所示为面对面的倾斜度公差,其公差带是距离为公差值 t (0.08),且与基准面(A)成理论正确角度(40°)的两平行平面之间的区域。图 4 - 20(b) 所示为面对线的倾斜度公差,其公差带是距离为公差值 t(0.06),且与基准线(A)成理论正确角度(75°)的两平行平面之间的区域。线对面在任意方向和在给定一个方向的倾斜度公差如图 4 - 21 所示;线对线的倾斜度公差如图 4 - 22 所示。

　　显然,倾斜度公差带与基准成理论正确角度。

　　由上述示例可知,定向公差带有以下两个特点:一是公差带的方向固定(与基准平行或垂直或成一理论正确角度),而其位置却可以随被测实际要素变化,即位置浮动。二是定向公差可以同时限制同一被测要素的方向误差和形状误差。例如,面对面的平行度误差可以限制被

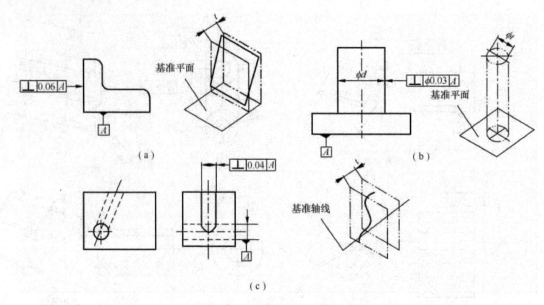

图 4 – 18   面对面、线对面(任意方向)、线对线的垂直度公差带

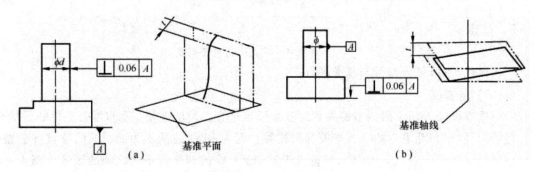

图 4 – 19   线对面(给定一个方向)、面对线的垂直度公差带

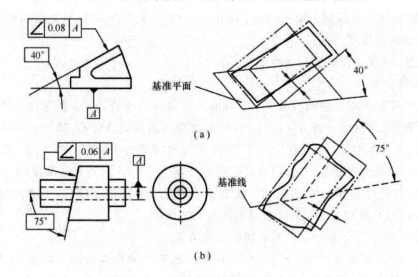

图 4 – 20   面对面、面对线的倾斜度公差带

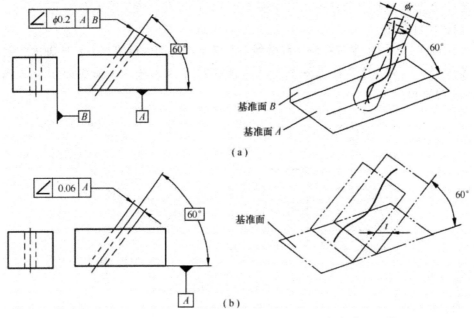

图 4 – 21　线对面在任意方向和给定一个方向的倾斜度公差带

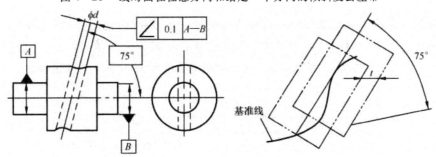

图 4 – 22　线对线的垂直度公差带

测平面的平面度误差。因此,当对某一被测要素给出定向公差后,通常不再对该要素给出形状公差,只有对该要素的形状有进一步的要求时,才给出形状公差,而且,形状公差值要小于位置公差值,如图 4 – 23 所示。

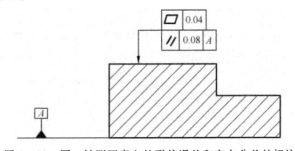

图 4 – 23　同一被测要素上的形状误差和定向公差的标注

2. 定位公差及其公差带

定位公差是关联实际要素对基准在位置上允许的变动全量,用于限制被测要素对基准的

位置的变动量,因而其公差带相对于基准有确定的位置。定位公差有以下三项:

1)同轴度

同轴度公差用于限制被测实际轴线对基准轴线的同轴位置误差。同轴度公差带是直径为公差值 $t(\phi 0.04)$,且与基准轴线(A)同轴的圆柱内区域,ϕd 轴线必须位于该区域内,如图 4 - 24 所示。

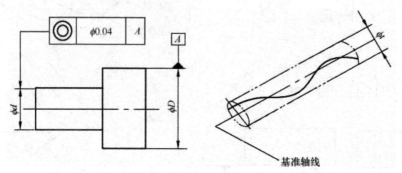

图 4 - 24 同轴度公差带

2)对称度

对称度公差用于限制被测要素(中心面或中心线)对基准要素(中心面或中心线)的共面性或共线性误差。对称度公差带的形状有两平行平面和两平行直线等。图 4 - 25 所示为被测中心面对基准中心面的对称度公差,其公差带的距离为公差值 $t(0.08)$,且相对于基准平面(A)对称分布的两平行平面之间的区域,被测实际中心面必须位于该区域内。

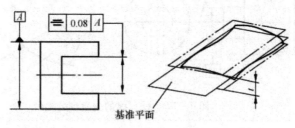

图 4 - 25 对称度公差带

3)位置度

位置度公差用于限制被测要素的实际位置对其理想位置的变动量。被测要素的理想位置由理论正确尺寸的基准确定。位置度公差带的形状有圆、球、圆柱、两平行直线和两平行平面等。图 4 - 26(a)所示为点的位置度公差,其公差带是直径为公差值 $t(\phi 0.05)$,且圆心位置由理论正确尺寸 80、60 和基准 A、B 确定的圆内区域。图 4 - 26(b)所示为线的位置度公差,其公差带是直径为公差值 $t(\phi 0.1)$,且轴线位置由理论正确尺寸 80、60 和基准 B、A、C 确定的圆柱内区域。被测轴线必须位于该区域内。

由上述示例可以看出,定位公差带有以下两个特点:一是公差带的位置固定,二是定位公差可以同时限制被测要素的形状误差、方向误差和位置误差。例如,轴线的位置度公差可以限制该轴线的直线度误差和平行度成垂直度误差。因此,在对同一要素同时给出形状、定向和定位公差时,各公差值应满足 $t_{形状} < t_{定向} < t_{定位}$。

3. 跳动公差及其公差带

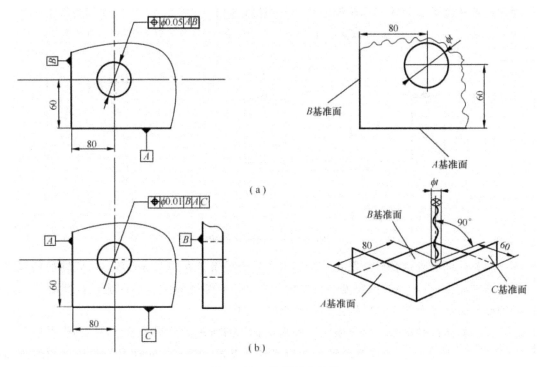

图 4 – 26　位置度公差带

跳动公差是按照特定的检测方式规定的公差项目。它是指被测实际要素绕基准轴线回转时所允许的最大跳动量,即指示表在给定方向上的最大与最小读数差的允许值。根据测量时测头与被测表面是否作相对直线运动,分为圆跳动和全跳动。

1）圆跳动

圆跳动公差是被测关联实际要素绕基准轴线无轴向移动地旋转一周时,位置固定的指示表在任意测量面内所允许的最大跳动量。圆跳动的测量方向通常是被测要素的法向,如图 4 – 27所示。根据测量方向与基准轴线的位置不同,圆跳动公差分为径向圆跳动、端面圆跳动和斜向圆跳动。

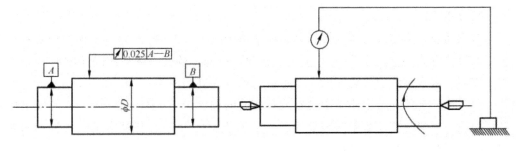

图 4 – 27　圆跳动公差

（1）径向圆跳动公差用于限制被测圆柱面的圆度及其与基准轴线的同轴度误差。如图 4 –28所示,径向圆跳动公差带是在垂直于基准轴线（A—B）的任意一测量平面内,半径差为公差值 t（0.04）且处在基准轴线上的两同心圆之间的区域。直径为 ϕD 的圆柱面,在被测范围的任意测量平面上的实际轮廓必须位于该区域内。

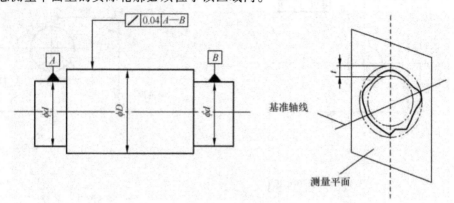

图 4 – 28　径向圆跳动公差带

（2）端面圆跳动公差如图 4 – 29 所示。其公差带是在与基准轴线（B）同轴的任意直径的测量圆柱面上，沿素线方向宽度为公差值 $t(0.08)$ 的圆柱面之间的区域。被测端面在任意直径的测量圆柱面上的实际轮廓必须位于该区域内。

（3）斜向圆跳动公差用于限制圆锥面或其他回转表面的圆度误差及其与轴线的同轴度误差，如图 4 – 30 所示。斜向圆跳动公差带是在与基准轴线（A）同轴的任意直径的测量圆锥面上，沿素线方向宽度为公差值 $t(0.06)$ 的一段圆锥面区域。被测圆锥面在任意测量圆锥面上的实际轮廓必须位于该区域内。

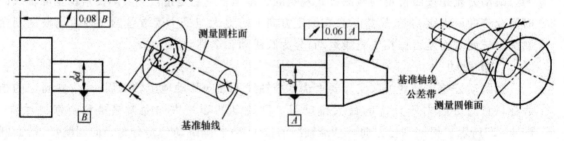

图 4 – 29　端面圆跳动公差带　　　　　　图 4 – 30　斜向圆跳动公差带

2）全跳动

全跳动公差是指被测关联实际要素绕基准轴线连续旋转，同时指示表的测头相对于被测表面在给定方向上直线移动时，在整个测量面上所允许的最大跳动量，如图 4 – 31 所示。根据测量方向与基准轴线的位置不同，全跳动公差分为以下两项：

（1）径向全跳动公差用于限制被测圆柱面的圆度误差、圆柱度误差及其与基准轴线的同轴度误差。径向全跳动公差带是半径差为公差值 $t(0.04)$，且与基准轴线同轴的两同轴圆柱面之间的区域，如图 4 – 32 所示。

（2）端面全跳动公差用于限制被测端面的平面度误差、端面对基准轴线的垂直度误差。端面全跳动公差带是距离为公差值 $t(0.08)$，且与基准轴线垂直的两平行平面之间的区域，如图 4 – 33 所示。

不难看出，跳动公差带具有以下两个特点，一是位置固定；二是可以同时限制被测要素的

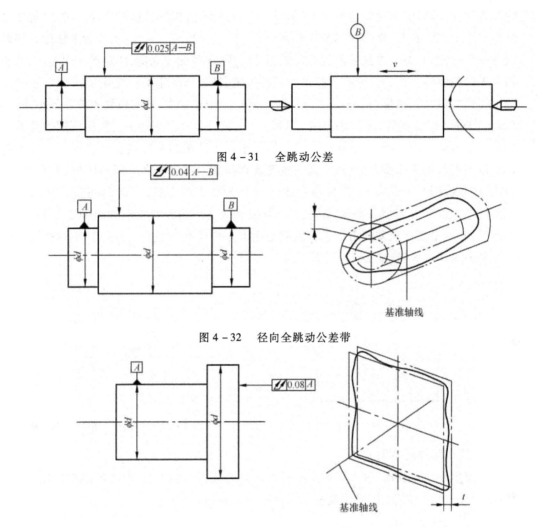

图 4-31　全跳动公差

图 4-32　径向全跳动公差带

图 4-33　端面全跳动公差带

形状误差、定向误差和定位误差。因此,当对某一被测要素同时给出跳动、定位、定向和形状公差要求时,各公差值之间必须满足 $t_{形状} < t_{定向} < t_{定位} < t_{跳动}$。

　　应特别注意的是,圆度公差带与径向圆跳动公差带、圆柱度公差带与径向全跳动公差带虽然其形状完全相同,但是,前者位置浮动,后者位置固定。因此,二者的设计要求是不同的,只有公差带的四个要素都相同时,所表示的设计要求才相同。

4.3　几何误差的检测

4.3.1　形状误差及其评定

形状误差是被测实际要素的形状对其理想要素的形状的变动量。

1. 评定形状误差的基本准则——最小条件

将实际被测要素与其理想要素进行比较检测形状误差时,理想要素相对于被测实际要素的位置不同,测得的形状误差值就不同。图 4 - 34 所示为当测量直线度误差时,理想要素分别处理位置 Ⅰ、Ⅱ、Ⅲ 时,直线度误差值分别是 f_1、f_2、f_3。显然 $f_1 < f_2 < f_3$。为了使形状误差测得值具有唯一性,同时又能最大限度地避免工件误废,国家标准规定,评定形状误差时,理想要素相对于被测实际要素的位置必须按最小条件确定,即理想要素的位置应使被测实际要素对该理想要素的最大变动量为最小。图 4 - 34 所示的三个位置中,只有位置 Ⅰ 满足最小条件要求,f_1 即为测得的直线度误差值。从图中可以看出,f_1 也是包容实际被测要素的两理想要素所构成的最小区域的宽度。所以,形状误差值是用最小包容区域的宽度或直径表示的。最小包容区域是指包容被测实际要素,且具有最小宽度或直径的两理想要素之间的区域,简称最小区域。最小包容区域的形状、方向、位置与各自的形状公差带的形状、方向、位置相同,只是其大小(宽度或直径)等于形状误差值,由被测实际要素确定。而公差带的大小等于公差值,由设计给定。例如,平面度误差的最小包容区域是距离为平面度误差值 f,且包容实际被测平面的两平行平面之间的区域,如图 4 - 35 所示。

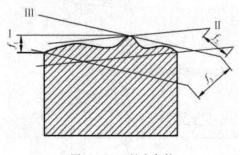

图 4 - 34　最小条件

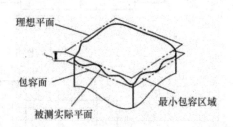

图 4 - 35　平面度误差的最小区域

2. 最小区域的差别准则

在评定形状误差时,最小区域应根据实际被测要素与包容区域的接触状态来差别。下面将说明直线度、平面度、圆度误差最小区域的判别方法。

1) 直线度误差的判别

评定在给定平面内的直线度误差时,应由两条平行直线来包容实际直线,且实际直线与两平行直线至少成"高、低、高"或"低、高、低"三点相间接触,如图 4 - 36 和图 4 - 37 所示。评定任意方向上的直线度误差时,应由一理想圆柱面包容实际直线,在同一轴截面上,实际直线与理想圆柱面应有三个接触点,且该三个接触点在圆柱轴向应相间分布,如图 4 - 38 所示。

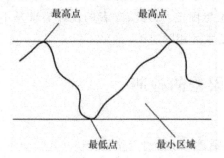

图 4 - 36　给定平面内直线度误差
最小区域判别准则(一)

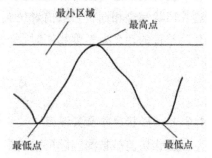

图 4 - 37　给定平面内直线度误差
最小区域判别准则(二)

2）平面度误差的判别

评定平面度误差时,应由两平行平面包容被测实际表面,且被测实际表面与两平行平面至少成三点或四点接触,并符合下列条件之一。

（1）被测实际表面与两平行平面中的一个平面有不在同一条直线上的三个接触点,与另一个平面有一个接触点,且该点在第一个平面上的投影应位于上述三个接触点所构成的三角形内,如图 4 – 39 所示。该准则称为三角形准则。

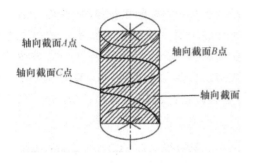

图 4 – 38　任意方向直线度误差
最小区域判别准则

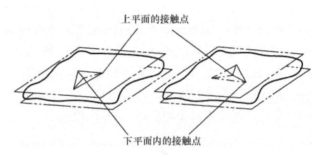

图 4 – 39　平面度误差最小区域的判别
——三角形准则

（2）被测实际表面与两平行平面各有两个接触点,各平面内接触点的连线,在空间成交叉状态,如图 4 – 40 所示。该准则称为交叉准则。

（3）被测实际表面与两平行平面中的一个平面有两个接触点,与另一个平面有一个接触点,且该点在第一个平面上的投影应位于前两个接触点的连线上,如图 4 – 41 所示,该准则称为直线准则。

3）圆度误差的判别

评定圆度误差时,应用两同心圆包容被测实际轮廓,实际被测轮廓与两同心圆至少应有内外相间的四个接触点,如图 4 – 42 所示。

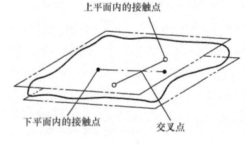

图 4 – 40　平面度误差最小区域的
判别——交叉准则

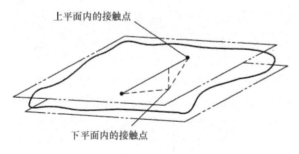

图 4 – 41　平面度误差最小区域
的判别——直线准则图

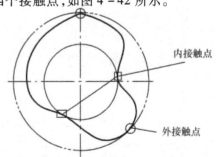

图 4 – 42　圆度误差最小区域
判别准则

在实际生产中,有时按最小条件评定形状误差比较困难,允许采用近似的评定方法,但当其评定结果有争议时,仍需按最小条件进行仲裁。

4.3.2 位置误差及其评定

位置误差分为定向误差、定位误差和跳动误差,评定这些误差仍需遵循最小条件要求。

1. 定向误差及其评定

定向误差是被测实际要素对其具有确定方向的理想要素的变动量,理想要素的方向由基准确定。

将被测实际要素与其基准要素比较评定定向误差时,理想要素的方向首先受到基准方向的限制(例如,评定平行度误差时,理想要素应与基准平行,评定垂直度误差时,理想要素应与基准垂直),在此前提下,还应使被测实际要素对理想要素的最大变动量为最小。定向误差值用定向最小包容区域(简称定向最小区域)的宽度或直径表示。定向最小区域是指被按理想要素的方向来包容被测实际要素,且具有最小宽度或直径的区域。图 4-43 和图 4-44 所示为面对面的平行度误差的定向最小区域和线对面的垂直度误差的定向最小区域。显然,定向最小区域的方向是固定的,由基准确定。

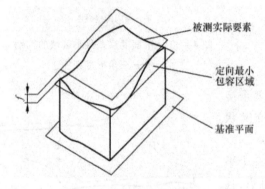

图 4-43 面对面平行度误差的
定向最小区域

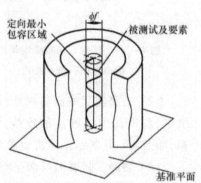

图 4-44 线对面垂直度误差的
定向最小区域

2. 定位误差及其评定

定位误差是被实际要素对其具有确定位置的理想要素的变动量,该理想要素的位置由基准和理论正确尺寸确定。评定定位误差时,定位误差值用定位最小包容区域(简称定位最小区域)的宽度或直径表示。定位最小区域是指按理想要素的位置来包容被测实际要素,且具有最小宽度或直径的区域。图 4-45 和图 4-46 所示为同轴度误差和点的位置度误差的定位最小区域。除个别情况外,定位最小区域的位置是固定的(由基准和理论正确尺寸确定)。

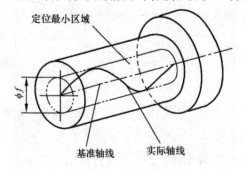

图 4-45 同轴度误差的定位最小区域

图 4-46 点的位置度误差的定位最小区域

3. 跳动误差及其评定

跳动误差是按其测量方法定义的,所以跳动误差的评定按其定义进行。

(1) 圆跳动误差的评定。跳动误差是指被测实际要素(圆锥面或圆柱面)绕其准轴线无轴向移动的旋转一周过程中,由位置固定的指示器在给定方向上测得的最大读数与最小读数之差。

(2) 全跳动误差的评定。全跳动误差是指被测实际要素(圆柱面或圆端面)绕基准轴线无轴向移动的旋转,同时指示器沿指定方向的素线连续移动,指示器在给定方向上测得的最大读数与最小读数之差。

4. 基准的建立和体现

基准是理想要素,在测量位置误差时,被测理想要素的方向和位置由基准确定。基准在测量中有十分重要的作用。

因为零件上的基准要素是实际要素,是有形状误差的,而基准实际要素又是建立理想基准要素(基准)的依据,所以,必须根据基准实际要素来确定理想基准要素,即由基准实际要素来建立基准。

1) 基准的建立

由基准实际要素建立基准时,应以该基准实际要素的理想要素为基准,而理想要素的位置应符合最小条件要求。因此,由基准实际要素建立基准时,应先对基准实际要素作最小包容区域。

(1) 对于轮廓要素,规定以其最小包容区域的体外要素作为基准理想要素。图 4 - 47 所示为由实际轮廓表面建立基准平面时,基准平面是包容实际表面的两平行平面最小区域的体外平面。

(2) 对于中心要素,规定以其最小包容区域的中心要素为基准理想要素。图 4 - 48 所示为由轴的实际轴线建立基准时,基准轴线应是包容实际轴线的圆柱面最小区域的轴线,该轴线穿过实际轴线。

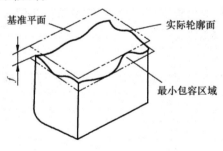

图 4 - 47 轮廓要素基准的建立

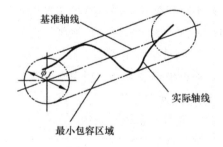

图 4 - 48 中心要素基准的建立

2) 基准的体现

在实际测量中,有时按最小条件准则建立基准非常困难,所以在满足被测零件功能要求的前提下,允许用近似方法来体现基准,常有以下三种方法:

(1) 用具有足够高的几何精度的表面来体现基准平面、基准直线和基准点,这种体现基准的方法称为模拟法。图 4 - 49 所示为用平板模拟基准平面;图 4 - 50 所示为用心轴模拟孔的轴线(基准线)。

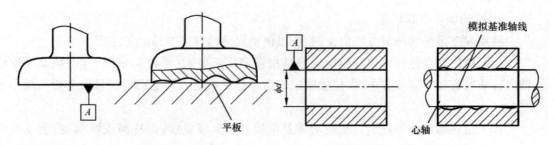

图 4-49　用平板模拟基准　　　　　　图 4-50　用心轴模拟基准

（2）基准实际要素的几何精度足够高时，可直接用基准实际要素作为基准来测量形位误差，这种体现基准的方法称为直接法，如图 4-51 所示。可直接测量两平行面之间的局部实际尺寸，且以其最大差值作为被测平面对基准平面的平行度误差值。

（3）对实际要素进行测量后，根据测得数据，用图解法或计算法来确定符合最小条件的基准的位置。这种体现基准的方法称为分析法。

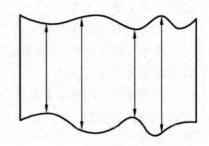

图 4-51　以实际要素作为基准

4.3.3　几何误差的检测原则

几何公差项目多达十九种，即使是同一公差项目因被测零件的结构形状、尺寸、精度要求以及生产批量等不同，其相应误差的检测方法也不尽相同。为了能够正确地测量几何误差，选择合理的检测方案，国家标准《产品几何量技术规范（GPS）形状和位置公差　检测规定》（GB/T 1958—2004）规定了几何误差的五种检测原则：

1. 与理想要素比较原则

与理想要素比较原则是将被测实际要素与其理想要素进行比较，从而测得几何误差值。该原则是根据几何误差的定义提出来的，根据该原则进行检测，可以得到与几何误差定义一致的误差值。因此该原则是检测几何误差的基本原则。

2. 测量坐标值原则

测量坐标值原则是利用坐标测量装置，测出被测实际要素上一系列坐标值，经过数据处理后，获得几何误差值。

3. 测量特征参数原则

测量特征参数原则是先测量被测实际要素上的特征参数，然后用这些特征参数的变动评定几何误差值。特征参数是指被测实际要素上能够直接反映几何误差具有代表性的参数。按该原则测量几何误差的测量方法容易实现，且不需烦琐的数据计算，但所得误差值与定义不符，是近似值。

4. 测量跳动原则

测量跳动原则是指在实际被测要素绕其基准轴线回转过程中，用其相对于某参考点或参考线的变化量来表示跳动值的一种原则。该原则主要用于测量跳动误差，其测量方法简便易行，在生产中有较广泛的应用。

5. 控制实效边界原则

控制实效边界原则是指使用光滑极限量规或综合量规检验被测实体是否超越零件图样给定的理想边界,从而判断被测定实际要素的几何误差和实际尺寸的综合结果是否合格。遵循最大实体要求和包容要求的被测要素,应采用该原则来检测。

4.4　公差原则与公差要求

为了满足零件的功能与互换性要求,有时需要对零件的同一被测要素既给出尺寸公差又给出几何公差。公差原则就是用来确定和处理尺寸公差和处理尺寸公关和几何公差之间关系的原则。按照尺寸公差和几何公差有无关系,将公差原则分为独立原则和相关要求。相关要求又分为包容要求、最大实体要求和最小实体要求。

4.4.1　有关术语和定义

1. 局部实际尺寸

局部实际尺寸(简称实际尺寸)是指在实际要素的任意正截面上,两对应点之间测得的距离。由于实际要素存在几何误差,因此其各处的局部实际尺寸可能不尽相同,如图 4 – 52 所示。外表面(轴)的局部实际尺寸用 d_a 表示,内表面的局部实际尺寸用 D_a 表示。

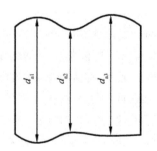 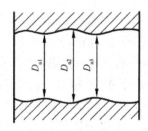

图 4 – 52　零件的局部实际尺寸

由于测量误差的存在,局部实际尺寸并不是两对应点间的真实距离,而是测得距离。

2. 实体状态和实体尺寸

(1) 最大实体状态和最大实体尺寸。实际要素在给定长度上处处位于尺寸极限之内,并具有实体最大(即材料最多)时的状态,称为最大实体状态,用 MMC 表示。在最大实体状态下的极限尺寸称为最大实体尺寸,用 MMS 表示。外表面(轴)的最大实体尺寸是其上极限尺寸 d_{max};内表面(孔)的最大实体尺寸是其下极限尺寸 D_{min}。

(2) 最小实体状态和最小实体尺寸。实际要素在给定长度上处处位于尺寸极限之内,并具有实体最小(即材料最少)时的状态,称为最小实体状态,用 LMC 表示。在最小实体状态下的极限尺寸称为最小实体尺寸,用 LMS 表示。外表面(轴)的最小实体尺寸是其下极限尺寸 d_{min};内表面(孔)的最小实体尺寸是其上极限尺寸 D_{max}。

根据实体尺寸的定义可知,要素的实体尺寸是由设计给定的,当设计给出要素的极限尺寸是时,其相应的最大、最小实体尺寸也就确定了。

值得注意的是,最大、最小实体状态并不要求实际要素必须具有理想的形状。图 4-53(a)所示为图样标注,图 4-53(b)、(c)所示为轴的最大实体状态。图 4-54(a)所示为图样标注,图 5-54(b)、(c)所示为孔的最小实体状态。

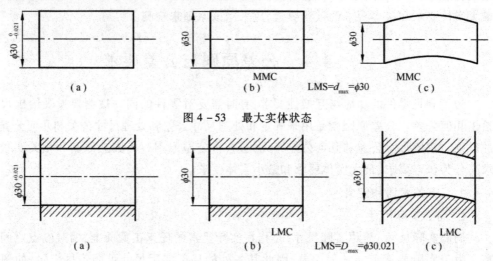

图 4-53　最大实体状态

图 4-54　最小实体状态

3. 作用尺寸

1) 体外作用尺寸

在被测要素的给定长度上,与实际内表面(孔)体外相接的最大理想外表面(轴)的直径或宽度,称为内表面(孔)的体外作用尺寸,以 D_{fe} 表示;在被测要素的给定长度上,与实际外表面(轴)体外相接的最小理想内表面(孔)的直径或宽度,称为外表面(轴)的体外作用尺寸,以 d_{fe} 表示。对于关联要素,该理想外(内)表面的轴线或中心面必须与基准保持图样上给定的几何关系。图 4-55 所示为单一要素的体外作用尺寸,图 4-55(a)所示为轴的体外作用尺寸,图 4-55(b)所示为孔的体外作用尺寸。图 4-56 所示为关联要素(轴)的体外作用尺寸,图 4-56(a)所示为图样标注,图 4-56(b)所示为轴的体外作用尺寸,最小理想孔的轴线必须垂直于基准面 A。

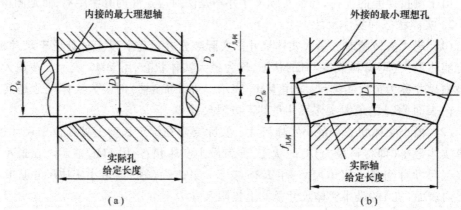

图 4-55　单一要素的体外作用尺寸

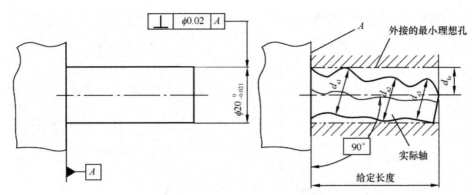

图 4-56　关联要素的体外作用尺寸

由图 4-55 和图 4-56 所示尺寸可以直观地看出,内外表面的体外作用尺寸 D_{fe}、d_{fe} 与其实际尺寸 D_a、d_a 以及几何误差 $f_{几何}$ 之间的关系为

对于内表面:
$$D_{fe} = D_a - f_{几何}$$

对于外表面:
$$d_{fe} = d_a + f_{几何}$$

可以看出,体外作用尺寸的大小由其实际尺寸和几何误差共同确定。一方面,按同一图样加工的一批零件,其实际尺寸各不相同,因此,其体外作用尺寸也不尽相同,另一方面,由于形位误差的存在,外表面的体外作用尺寸大于该表面的实际尺寸,内表面的体外作用尺寸小于该表面的体外作用尺寸。因此,几何误差影响内外表面的配合性质。例如,$\phi30H7$ ($^{+0.021}_{0}$)/h6 ($^{0}_{-0.013}$)孔轴配合,其最小间隙为零。若孔轴加工后不存在形状误差,即具有理想形状,且其实际尺寸均为 30,则装配后,具有最小间隙量为 0;若加工后,孔具有理想形状,且实际尺寸处处为 30,如图 4-57(a)所示。而当轴的轴线发生了弯曲,即存在几何误差 $f_{几何}$,且实际尺寸处处为 30,如图 4-57(b)所示。显然,装配后具有过盈量。若要保证配合的最小间隙量为 0,必须将孔的直径扩大为 $d_{fe} = \phi30 + f_{几何} = d_a + f_{几何}$。

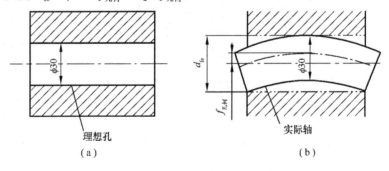

（a）　　　　　　　　　　　　　　（b）

图 4-57　轴线直线度误差对配合性质的影响

因此,体外作用尺寸实际上是对配合起作用的尺寸。

2）体内作用尺寸

在被测要素的给定长度上,与实际内表面(孔)体内相接的最小理想外表面(轴)的直径或宽度,称为内表面(孔)的体内作用尺寸,以 D_{fi} 表示;与实际外表面(轴)体内相接的最大理想内表面(孔)的直径或宽度,称为外表面(轴)的体内作用尺寸,以 d_{fi} 表示。对于关联要素,该理想外表面或内表面的轴线或中心面必须与基准保持图样上给定的几何关系。图 4-58 所示为孔和轴单一要素的体内作用尺寸。

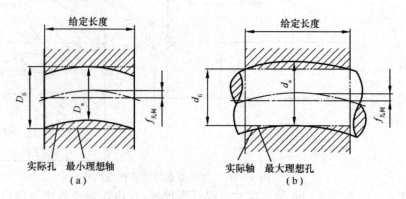

图 4 - 58　孔、轴单一要素的体内作用尺寸

体内作用尺寸是对零件强度起作用的尺寸。

4. 实体实效状态的实体实效尺寸

1）最大实体实效状态和最大实体实效尺寸

在给定长度上,实际要素处于最大实体状态,且其中心要素的形状或位置误差等于给出公差值时的综合极限状态,称为最大实体实效状态。以 MMVC 表示。实际要素在最大实体实效状态下的体外作用尺寸,称为最大实体实效尺寸,以 MMVS 表示。图 4 - 59(a)所示为单一要素孔的图样标注,图 4 - 59(b)所示为实际孔的最大实体实效状态和最大实体实效尺寸示意图。图 4 - 60(a)所示为关联要素轴的图样标注,图 4 - 60(b)所示为实际轴的最大实体实效状态和最大实体实效尺寸示意图。

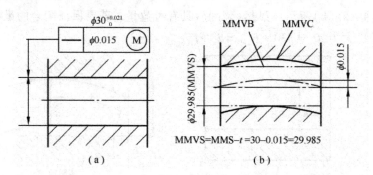

图 4 - 59　单一要素的最大实体实效尺寸和最大实体实效状态

2）最小实体实效状态和最小实体实效尺寸

在给定长度上,实际要素处于最小实体状态,且其中心要素的形状或位置误差等于给出公差值时的综合极限状态,称为最小实体实效状态,以 LMVC 表示。实际要素在最小实体实效状态下的体内作用尺寸,称为最小实体实效尺寸,以 LMVS 表示。图 4 - 61(a)所示为单一要素孔的图样标注,图 4 - 61(b)所示为实际孔的最小实体实效状态和最小实体实效尺寸。图 4 - 62(a)所示为关联要素轴的图样标注,图 4 - 62(b)所示为实际轴的最小实体实效状态和最小实体实效尺寸。

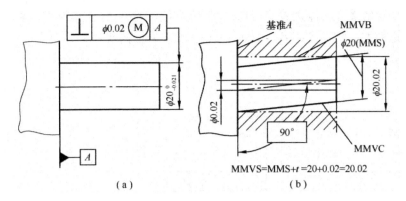

图 4 – 60　关联要素的最大实体实效尺寸和最大实体实效状态

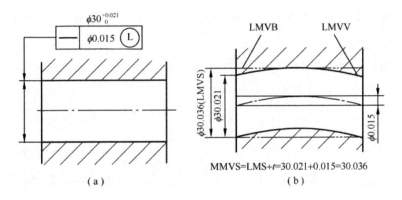

图 4 – 61　单一要素的最小实体实效尺寸和最小实体实效状态

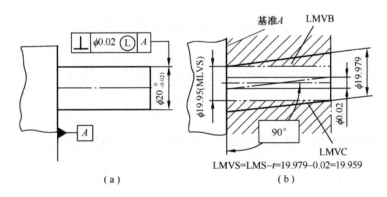

图 4 – 62　关联要素的最小实体实效尺寸和最小实体实效状态

5. 边界

边界是指由设计给定的具有理想形状的极限包容面。边界的尺寸为极限包容面的直径或距离。极限包容面可以是内表面,也可以是外表面。

1)最大实体边界

尺寸为最大实体尺寸的边界,以 MMB 表示。

单一要素的最大实体边界,具有确定的形状和大小,但其方向和位置是不确定的。图 4 – 63(a)所示为单一要素孔的图样标注,图 4 – 64(b)所示为其最大实体边界。

关联要素的最大实体边界,不仅有确定的形状和大小,而且其中心要素与相应的基准保持图样上给定的方向或位置关系。图 4-64(a)所示为轴的图样标注,图 4-64(b)所示为其最大实体边界。

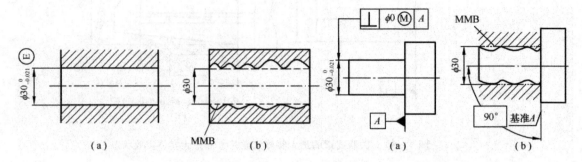

图 4-63　单一要素的最大实体边界　　　图 4-64　关联要素的最大实体边界

2）最小实体边界

尺寸为最小实体尺寸的边界,以 LMB 表示。图 4-65(a)所示为单一要素轴的图样标注,图 4-65(b)所示为其最小实体边界。

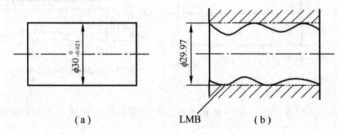

图 4-65　单一要素的最小实体边界

3）最大实体实效边界

尺寸为最大实体实效尺寸的边界,以 MMVB 表示,例如,图 4-59 和图 4-60 所示尺寸分别为 29.985 和 20.02 的边界。

4）最小实体实效边界

尺寸为最小实体实效尺寸的边界,以 LMVB 表示。例如,图 4-61 和图 4-62 所示的中尺寸分别为 30.036 和 19.959 的边界。

4.4.2　独立原则

1. 独立原则的含义和图样标注

图样上给定的尺寸公差与几何公差各自独立,相互无关,分别满足要求的公关原则,称为独立原则。

采用独立原则时,尺寸公差与几何公差之间相互无关,即尺寸公差只控制实际尺寸的变动量,与要素本身的几何误差无关,几何公差只控制要素的几何误差,与要素本身的尺寸误差无关。要素只需要分别满足尺寸公差和几何公差要求即可。

独立图样标注如图 4-66 所示。尺寸公差值和几何公差值后面不需加注任何符号。图 4-66 所示轴的直径公差与其轴线的直线度公差采用独立原则。只要轴的实际尺寸在

19.970～20 之间,其轴线的直线度误差不大于 $\phi0.01$,则零件合格。

2. 遵守独立原则要素的合格条件

遵守独立原则的要素,其合格条件为

$$d_{\min} \leqslant d_{\mathrm{a}} \leqslant d_{\max} \text{ 或 } D_{\min} \leqslant D_{\mathrm{a}} \leqslant D_{\max}$$

$$f_{\text{几何}} \leqslant t_{\text{几何}}$$

检验时,实际尺寸只能用两点法测量(例如,用千分尺、卡尺等通用量具),几何误差只能用几何误差的测量方法单独测量。

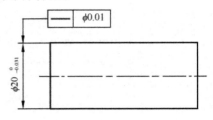

图 4-66　独立原则的图样标注

3. 独立原则的应用

独立原则是最基本的公差原则,图样上给出的公差大多遵守独立原则。该原则可用于各种轮廓要素和中心要素,主要用来满足功能要求。例如没有配合要求的要素尺寸、有单项特殊功能的要素以及对配合性质要求不严格的尺寸等。

4.4.3　相关要求

相关要求是指图样上给定的尺寸公差与几何公差相互有关的公差要求,是指包容要求、最大实体要求(包括可逆要求应用于最大实体要求)和最小实体要求(包括可逆要求应用于最小实体要求)。

1. 包容要求

1)包容要求的含义和图样标注

包容要求是指实际要素遵守其最大实体边界,且其局部实际尺寸不得超出其最小实体尺寸的一种公差要求。也就是说,无论实际要素的尺寸误差和几何误差如何变化,其实际轮廓不得超越其最大实体边界,即其体外作用尺寸不得超越其最大实体边界尺寸,且其实际尺寸不得超越其最小实体尺寸。

采用包容要求时,必须在图样上尺寸公差值后面加注符号Ⓔ,如图 4-67(a)所示。该标注表示轴的尺寸 $\phi50_{-0.025}^{\ 0}$ 采用包容要求。该轴应同时满足下列要求:

(1) $\phi50_{-0.025}^{\ 0}$ 轴的实际轮廓不允许超出其最大实体边界(即尺寸为 $\phi50$ 的边界)。

(2) 轴的实际尺寸必须在 $\phi49.975\sim\phi50$ 之间。

当该轴的实际尺寸处处为最其大实体尺寸 $\phi50$ 时,其轴线有任何几何误差都将使其实际轮廓超出最大实体边界,如图 4-67(b)所示。所以,此时该轴的几何公差值应为 $\phi0$,如图 4-67(c)所示;当轴的实际尺寸为 $\phi49.990$ 时,轴的几何误差只有在 $\phi0\sim\phi0.010$ 之间,实际轮廓才不会超出最大实体边界,即此时其几何公差值应为 $\phi0.010$,如图 4-67(d)所示;当轴的实际尺寸为最小实体尺寸 $\phi49.975$ 时,其几何误差只有在 $\phi0\sim\phi0.025$ 之间,实际轮廓才不会超出最大实体边界,即此时轴的几何公差值应为 $\phi0.025$,如图 4-67(e)所示。

可见,遵守包容要求的尺寸要素,当其实际尺寸达到最大实体尺寸时,几何公差只能为 0,当其实际尺寸偏离最大实体尺寸而不超越最小实体尺寸时,允许几何公差获得一定的补偿值,补偿值的大小在其尺寸公差以内,当实际尺寸为最小实体尺寸时,几何公差有最大补偿量,其大小为其尺寸公差值 $T = \text{MMS} - \text{LMS}$。显然,被测要素的几何公差值取决于其实际尺寸的大小,即尺寸公差不仅控制尺寸误差,而且也控制该要素的几何误差。

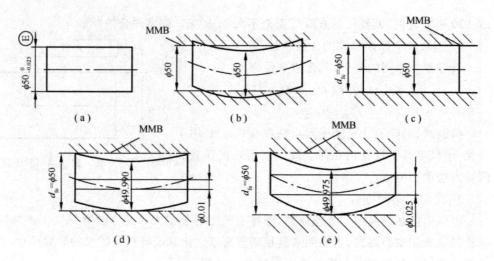

图 4 - 67　包容要求

2）遵守包容要求要素的合格条件

遵守包容要求的要素,其合格条件为

对于内表面：
$$\begin{cases} D_a \leqslant \text{LMS} \\ D_{fe} \geqslant \text{MMS} \end{cases}$$

对于外表面：
$$\begin{cases} d_a \geqslant \text{LMS} \\ d_{fe} \leqslant \text{MMS} \end{cases}$$

检验时,按泰勒原则用光滑极限量规检验实际要素的否合格。

3）包容要求应用

包容要求仅用于单一尺寸要素(例如,圆柱面、两反向平行面等尺寸),主要用于保证单一要素间的配合性质。例如,回转轴颈与滑动轴承、滑块与滑块槽以及间隙配合中的轴孔或有缓慢移动的轴孔结合等。

2. 最大实体要求

1）最大实体要求的含义和图样标注

最大实体要求是指被测要素的实际轮廓应遵守其最大实体实效边界,且当其实际尺寸偏离其最大实体尺寸时,允许其几何误差值超出图样上(在最大实体状态下)给定的几何公差值的一种要求。

最大实体要求应用于被测要素时,应在图样上相应的形位公差值后面加注符号Ⓜ,如图 4 - 68(a)所示。该标注表示 $\phi 30^{\ 0}_{-0.021}$ 的轴线直线度公差采用最大实体要求,此时被测要素的实际轮廓被控制在其最大实体实效边界以内,即实际要素的体外作用尺寸不得超出其最大实体实效尺寸,而且其实际尺寸必须在其最大实体尺寸和最小实体尺寸范围内。当轴的实际尺寸超越其最大实体尺寸而向最小实体尺寸偏离时,允许将超出值补偿给几何公差,即此时可将给定的直线公差 $t_{几何}$ 扩大。例如当轴的实际直径 d_a 处处为其最大实体尺寸 $\phi 30$ 时(即实际轴处于 MMC 时),轴线的直线度公差为图样上的给定值,即 $t_{几何} = \phi 0.01$,如图 4 - 68(b)所示；当轴的实际直径 d_a 小于 $\phi 30$ 时,即 $d_a = \phi 29.980$ 时,其轴线直线度公差可以大于图样上的给

定值 $\phi 0.01$，但必须保证被测要素的实际轮廓不超出其最大实体实效边界，即其体外作用尺寸不超出其最大实体实效尺寸，即 $d_{fe} \leq MMVS = \phi 30 + \phi 0.01 = \phi 30.01$，所以，此时该轴轴线的直线度公差值获得一补偿量，其值为 $\Delta t = MMS - d_a = \phi 30 - \phi 29.98 = \phi 0.02$，直线度公差值为 $t_{几何} = \phi 0.01 + \phi 0.02 = \phi 0.03$，如图 4 - 68(c) 所示；显然，当轴的实际直径处处为其最小实体尺寸 $\phi 29.979$(即处于 LMC)时，其轴线直线度公差可获得最大补偿量 $\Delta t_{max} = MMS - LMS = \phi 30 - \phi 29.979 = T_s = 0.021$，此时直线度公差获得最大值 $t_{几何} = \phi 0.01 + \phi 0.021 = \phi 0.031$，如图 4 - 68(d) 所示。

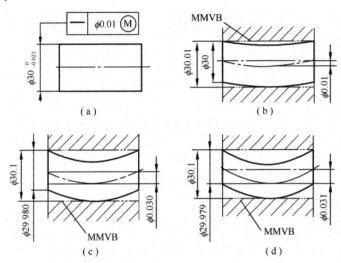

图 4 - 68　单一要素的最大实体要求示例

图 4 - 69 所示为最大实体要求应用于关联被测要素的示例。图 4 - 69(a) 所示为 $\phi 80^{+0.12}_{0}$ 孔的轴线对基准平面 A 的任意方向的垂直度公差采用最大实体要求。当该孔处于最大实体状态，即孔的实际直径处处为其最大实体尺寸 $\phi 80$ 时，垂直度公差值为图样上的给定值 $\phi 0.04$，如图 4 - 69(b) 所示；当实际孔偏离其最大实体状态，即其实际直径大于其最大实体尺寸而向其最小实体尺寸方向偏离，当 $D_a = \phi 80.05$ 时，其垂直度公差可大于图样上的给定值，但必须保证孔的体外作用尺寸不小于其最大实体实效尺寸，即 $D_{fe} \geq MMVS = MMS - t_{几何} = \phi 80 - \phi 0.04 = \phi 79.96$，垂直度公差获得补偿值为 $\Delta t = D_a - MMS = \phi 80.05 - \phi 80 = \phi 0.05$，垂直度公差值为 $t_{几何} = \phi 0.04 + \phi 0.05 = \phi 0.09$，如图 4 - 69(c) 所示；显然，当孔处于其最小实体状态时，即 $D_a = LMS = \phi 80.12$ 时，垂直度公差可获得最大补偿值 $\Delta t_{max} = T_D = 0.12$，此时，垂直度公差值为 $t_{几何} = \phi 0.04 + \phi 0.12 = \phi 0.16$，如图 4 - 69(d) 所示。

最大实体要求用于被测要素时，应特别注意以下两点：

(1) 当采用最大实体要求的被测关联要素的几何公差值标注为"0"或"$\phi 0$"时，如图 4 - 70 所示，其遵守的边界不再是最大实体实效边界，而是最大实体边界，这种情况称为最大实体要求的零几何公差。

(2) 当对被测要素的几何公差有进一步要求时，应采用图 4 - 71 所示的方法标注，该标注表示轴 $\phi 20^{0}_{-0.021}$ 的轴线直线度公差采用最大实体要求，该直线度公差不允许超过公差框格中

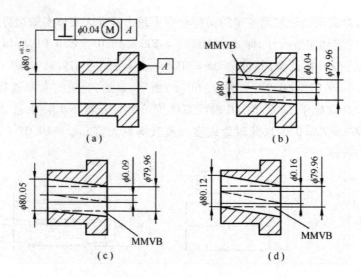

图 4 – 69　关联要素的最大实体要求示例

给定值 $\phi0.02$。当轴实际直径超出其最大实体尺寸向最小实体尺寸方向偏离时,允许将偏离量补偿给直线度公差,但该直线度公差不得大于 $\phi0.02$。

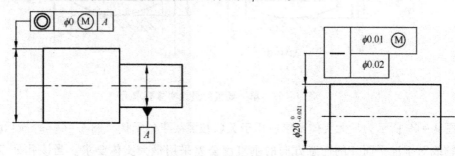

图 4 – 70　最大实体要求的零几何公差的标注　　　图 4 – 71　对几何公差有进一步要求时的标注

最大实体要求应用于基准要素时,应在图样上相应的几何公差框格的基准字母后面加注符号"Ⓜ",如图 4 – 72 所示;基准要素本身作为被测要素采用最大实体要求时,应将基准符号直接标注在相应的几何公差框格下面,如图 4 – 73 所示。该标注表示基准 A($\phi25_{-0.1}^{\ 0}$,轴线)本身采用最大实体要求。$4 \times \phi8_{\ 0}^{+0.1}$ 四孔轴线相对于基准 A 任意方向的位置度公差也采用最大实体要求,并且最大实体要求也应用于基准 A(AⓂ)。

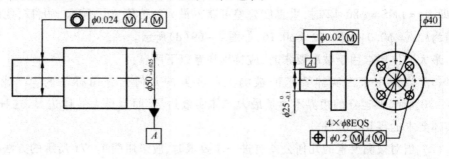

图 4 – 72　最大实体要求应用于基准要素时的标注　图 4 – 73　基准要素本身采用最大实体要求时的标注

2）采用最大实体要求要素的合格条件

采用最大实体要求的要素遵守最大实体实效边界,其合格条件为

对于外表面:$\begin{cases} \text{LMS} \leqslant d_a \leqslant \text{MMS} \\ D_{fe} \leqslant \text{MMVS} \end{cases}$　或　$\begin{cases} d_{min} \leqslant d_a \leqslant d_{max} \\ D_{fe} \leqslant d_{max} + t_{几何} \end{cases}$

对于内表面:$\begin{cases} \text{MMS} \leqslant D_a \leqslant \text{LMS} \\ D_{fe} \geqslant \text{MMVS} \end{cases}$　或　$\begin{cases} D_{min} \leqslant D_a \leqslant D_{max} \\ D_{fe} \geqslant D_{min} + t_{几何} \end{cases}$

检验时用两点法测量实际尺寸,用功能量规检验被测要素的实际轮廓是否超越最大实体实效边界。

3）最大实体要求的应用

最大实体要求只能用于被测中心要素或基准中心要素,主要用于保证零件的可装配性。例如,用螺栓连接的法兰盘,螺栓孔的位置度公差采用最大实体要求,可以充分利用图样上给定的公差,既可以提高零件的合格率,又可以保证法兰盘的可装配性,达到较好的经济效益。关联要素采用最大实体要求的零形位公差时,主要用来保证配合性质,其适用场合与包容要求相同。

3. 最小实体要求

1）最小实体要求的含义和图样标注

最小实体要求是指被测要素的实际轮廓应遵守最小实体实效边界,当其实际尺寸偏离其最小实体尺寸时,允许其几何误差值超出图样上(在最小实体状态下)的给定值的一种公差。

最小实体要求应用于被测要素时,应在图样上该要素公差的公差值后面加注符号"Ⓛ",如图 4 - 74(a)所示。该标注表示 $\phi20^{+0.1}_{0}$ 孔轴线对基准 A 的同轴度公差采用最小实体要求,此时,被测要素的实际轮廓被控制在最小实体实效边界内,即该孔的体内作用尺寸不得超越其最小实体实效尺寸,该孔的实际尺寸不得超越其最大实体尺寸和最小实体尺寸。当孔的实际尺寸超越最小实体尺寸而向最大实体尺寸偏离时,允许将超出值补偿给几何公差,即将图样上给定的几何公差值扩大。例如,当 $D_a = \text{LMS} = \phi20.1$ 时,同轴度公差 $t_{几何} = \phi0.08$;当 $D_a = \phi20.05$ 时,同轴度公差获得补偿值 $\Delta t = \text{LMS} - D_a = \phi20.1 - \phi20.05 = \phi0.05$,即同轴度公差 $t_{几何} = \phi0.08 + \phi0.05 = \phi0.13$;显然,当 $D_a = MMS = \phi20$ 时,同轴度公差有最大值,即 $t_{几何} = \phi0.08 + T_D = \phi0.08 + 0.1 = \phi0.18$。

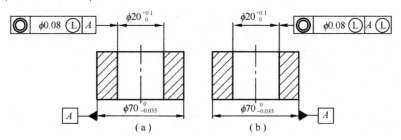

图 4 - 74　最小实体要求的标注

最小实体要求用于基准要素时,应在图样上相应几何公差框格的基准字母后面加注符号"Ⓛ",如图 4 - 74(b)所示(此时基准 A 本身采用独立原则,遵守最小实体边界)。图 4 - 75 所示为基准(D)本身采用最小实体要求,其遵守的边界为最小实体实效边界。

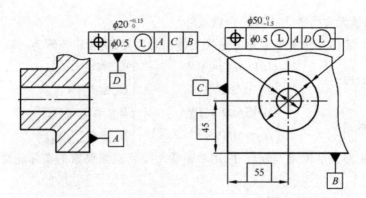

图 4-75　基准要素本身采用最小实体要求的标注

同样地,当采用最小实体要求的关联要素的几何公差值标注为"0"或"φ0"时,称为最小实体要求的零几何公差,此时该要素遵守最小实体边界。

2）采用最小实体要求要素的合格条件

采用最小实体要求要素遵守最小实体实效边界,其合格条件为

对于外表面：$\begin{cases} \text{LMS} \leqslant d_a \leqslant \text{MMS} \\ d_{fi} \geqslant \text{LMVS} \end{cases}$ 或 $\begin{cases} d_{min} \leqslant d_a \leqslant d_{max} \\ d_{fi} \leqslant d_{min} - t_{几何} \end{cases}$

对于内表面：$\begin{cases} \text{MMS} \leqslant D_a \leqslant \text{LMS} \\ D_{fi} \leqslant \text{LMVS} \end{cases}$ 或 $\begin{cases} D_{min} \leqslant D_a \leqslant D_{max} \\ D_{fi} \leqslant D_{max} + t_{几何} \end{cases}$

3）最小实体要求的应用

最小实体要求只能用于被测中心要素或基准中心要素,主要用来保证零件的强度和最小壁厚。

除了上述几种公差要求之外,还有可逆要求。可逆要求是指中心要素的几何误差值小于给出的几何公差值时,允许在满足零件功能要求的前提下扩大尺寸公关的一种公差要求。可逆要求通常用于最大实体要求和最小实体要求,其图样标注如图 4-76 所示,即在相应的公差框格中符号Ⓜ或Ⓛ后面再加注符号"R"。

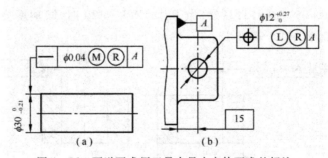

图 4-76　可逆要求用于最大最小实体要求的标注

4.5　几何公差的选择

几何公差的选择主要包括几何公差项目、公差原则、几何公差值（公差等级）以及基准要素等四项内容的选择。

4.5.1　几何公差项目的选择

选择几何公差项目的主要依据是零件的功能要求,同时还应考虑检测的可能性、方便性和经济性等。

零件的功能要求不同,选择的几何公差项目也不同。例如,为保证汽缸盖和缸体的连接强度和密封性要求,应对其结合面规定平面度公差;为了保证机床工作台的运动精度和运动平稳性,应对机床导轨规定直线度和平面度公差;为了保证滚动轴承的装配精度和旋转精度,应对与轴承孔相配合的轴颈规定圆柱度公差,对其轴肩规定端面圆跳动公差等。

在保证功能要求的前提下,可以采用易于检测的公差项目代替检测难度较大的公差项目。例如,对于轴类零件,可以用径向全跳动公差代替圆柱度公差和同轴度公差;用端面全跳动公差代替端面对轴线的垂直度公差等。

总之,零件的种类繁多,功能要求各异,要正确合理地选择形位公差项目,设计者必须充分明确零件的功能要求、熟悉零件的加工工艺,并具有一定的检测经验。

4.5.2　公差原则和公差要求的选择

如前所述,各种公差原则和公差要求都有其各自的适用场合,选用时应以被测要素的功能要求、可行性和经济性为主要依据(详见本章4.4节)。

4.5.3　公差值的选择

国家标准将几何公差值分为两类,一类是注出公差,一类是未注公差(即一般公差)。若所要求的几何精度用一般的加工方法或加工设备就能保证,或由线性尺寸公差或角度公关就能控制其误差值,则不必将形位公差在图样上注出,而用未注公差控制,其公关值按国家标准《形状和位置公差　未注公差的规定》(GB/T 1184—1996)确定。若零件的几何精度要求高于未注公差的精度要求,或者由于功能原因,零件上某要素的几何精度要求低于未注公差的精度要求,而且这个较低的几何精度会给工厂带来显著的经济效益时,都应将几何公差单独标注在图样上。

1. 几何公差未注公差值的规定

国家标准对直线度、平面度、垂直度、对称度以及圆跳动等五个形位公差项目的未注公差规定了 H、K、L 三个公差等级,其相应的公差值如表4-3~表4-6所示。选用时,应在技术要求中给出标准及公差等级代号,如:未注形位公差按"GB/T 1184—K"。

表4-3　直线度、平面度未注公差值(GB/T 1184—1996)　　　　（单位:mm）

公差等级	基本长度范围					
	≤10	>10~30	>30~100	>100~300	>300~1 000	>1 000~3 000
H	0.02	0.05	0.1	0.2	0.3	0.4
K	0.05	0.1	0.2	0.4	0.6	0.8
L	0.1	0.2	0.4	0.8	1.2	1.6

表 4 - 4　垂直度未注公差值　　　　　　　　　　（单位：mm）

公差等级	基本长度范围			
	≤100	>100 ~ 300	>300 ~ 1 000	>1 000 ~ 3 000
H	0.2	0.3	0.4	0.5
K	0.4	0.6	0.8	1
L	0.6	1	1.5	2

表 4 - 5　对称度未注公差值　　　　　　　　　　（单位：mm）

公差等级	基本长度范围			
	≤100	>100 ~ 300	>300 ~ 1 000	>1 000 ~ 3 000
H	0.5			
K	0.6		0.8	1
L	0.6	1	1.5	2

表 4 - 6　圆跳动未注公差值　　　　　　　　　　（单位：mm）

公差等级	公差值
H	0.1
K	0.2
L	0.5

圆度公差的未注公差值等于给出的相应的直径公差值,但不能大于其径向圆跳动的未注公差值(见表 4 - 6)。

由于圆柱度误差由圆度误差、直线度误差的和相对素线的平行度误差组成,而其中每一项误差均可由他们的注出或未注出公差控制,因此,圆柱度公差的未注公差值未作规定。

平行度公差的未注公差值等于被测要素与基准要素之间的尺寸公差值或被测要素的直线度和平面度公差的未注公差值中较大值者。

由于回转表面对其基准轴线的径向圆跳动一定不小于其实际轴线对其基准轴线的同轴度误差,所以国家标准对同轴度公差的未注公差值未作规定,必要时,同轴度公差的未注公差值可等于径向圆跳动的未注公差值(见表 4 - 6)。

径向全跳动误差可由径向圆跳动公差和相对素线的平行度公差控制,端面全跳动公差与端面对轴线的垂直度公差相同,因此,国家标准对全跳动公差的未注公差值不作规定。

线轮廓度、面轮廓度、倾斜度以及位置度公差均由各要素的注出或未注出线性尺寸公差或角度公差控制,国家标准对这些公差项目的未注公差值未作规定。

2. 几何公差注出公差值的规定

除了线轮廓度、面轮廓度和位置度三个公差项目之外,国家标准(GB/T 1184—1996)对其余几何公差项目的注出公差都规定了公差等级,其中对圆度、圆柱度注出公差值规定了 0 ~ 12 共 13 个公差等级,对其余 9 个公差项目都规定了 1 ~ 12 共 12 个公差等级。各公差项目的注出公差值如表 4 - 7 ~ 表 4 - 10 所示。

表 4 - 7　直线度、平面度公差值　　　　　　　　　　（单位：μm）

主参数 L/mm	公差等级											
	1	2	3	4	5	6	7	8	9	10	11	12
≤10	0.2	0.4	0.8	1.2	2.0	3	5	8	12	20	30	60
>10~16	0.25	0.5	1.0	1.5	2.5	4	6	10	15	25	40	80
>16~25	0.3	0.6	1.2	2.0	3.0	5	8	12	20	30	50	100
>25~40	0.4	0.8	1.5	2.5	4.0	6	10	15	25	40	60	120
>40~63	0.5	1.0	2.0	3.0	5.0	8	12	20	30	50	80	150
>63~100	0.6	1.2	2.5	4.0	6.0	10	13	25	40	60	100	200

表 4 - 8　圆度、圆柱度公差值　　　　　　　　　　（单位：μm）

主参数 d(D)/mm	公差等级												
	0	1	2	3	4	5	6	7	8	9	10	11	12
≤3	0.1	0.2	0.3	0.5	0.8	1.2	2	3	4	6	10	14	25
>3~6	0.1	0.2	0.4	0.6	1	1.5	2.5	4	5	8	12	18	30
>6~10	0.12	0.25	0.4	0.6	1	1.5	2.5	4	6	9	15	22	36
>10~18	0.15	0.25	0.5	0.8	1.2	2	3	5	8	11	18	27	43
>18~30	0.2	0.3	0.6	1	1.5	2.5	4	6	9	13	21	33	52
>30~50	0.25	0.4	0.6	1	1.5	2.5	4	7	11	16	25	39	62
>50~80	0.3	0.5	0.8	1.2	2	3	5	8	13	19	30	46	74

表 4 - 9　平行度、垂直度、倾斜公差值　　　　　　　　　（单位：μm）

主参数 L、d(D)/mm	公差等级											
	1	2	3	4	5	6	7	8	9	10	11	12
≤10	0.4	0.8	1.5	3	5	8	12	20	30	50	80	120
>10~16	0.5	1	2	4	6	10	15	25	40	60	100	150
>16~25	0.6	1.2	2.5	5	8	12	20	30	50	80	120	200
>25~40	0.8	1.5	3	6	10	15	25	40	60	100	150	250
>40~63	1	2	4	8	12	20	30	50	80	12	200	300
>63~100	1.2	2.5	50	10	15	25	40	60	100	150	250	400

表 4 - 10　同轴度、对称度、圆跳动、全跳动公差值　　　　（单位：μm）

主参数 d(D)、B/mm	公差等级											
	1	2	3	4	5	6	7	8	9	10	11	12
≤1	0.4	0.6	1.0	1.5	2.5	4	6	10	15	25	40	60
>1~3	0.4	0.6	1.0	1.5	2.5	4	6	10	20	40	60	120
>3~6	0.5	0.8	1.2	2	3	5	8	12	25	50	80	150
>6~10	0.6	1	1.5	2.5	4	6	10	15	30	60	100	200
>10~18	0.8	1.2	2	3	6	8	12	20	40	80	120	250
>18~30	1	1.5	2.5	4	6	10	15	25	50	100	150	300

国家标准对位置度只规定了公差值数系,而未规定公差等级,如表 4 - 11 所示(摘自 GB/T 1184—1996)。

表 4 - 11　位置度公差数系表　　　　　　　　(单位:μm)

1	1.2	1.5	2	2.5	3	4	5	6	8
1×10^n	1.2×10^n	1.5×10^n	2×10^n	2.5×10^n	3×10^n	4×10^n	5×10^n	6×10^n	8×10^n

3. 几何公差值的选择原则

几何公差值的选择原则:在满足零件功能要求的前提下,尽可能选用较低的公差等级,同时还应考虑经济性和零件的结构、刚性等。

几何公差值的选择通常有计算法和类比法两种。计算法是根据零件的功能和结构特点,通过计算确定公差值,该方法多用于几何精度要求的较高的零件,例如,精密测量器等。类比法是根据长期积累的实践经验及有关资料,参与同类产品、类似零件的技术要求选择几何公差值的一种方法,该方法简单易行,在实际设计中应用较为广泛。

采用类比法确定几何公差值时,应注意以下问题:

(1) 平行度公差值应小于其相应的距离尺寸公差值。

(2) 圆柱形零件的形状公差值(轴线的直线度除外),一般情况下应小于其尺寸公差值。

(3) 对于刚性较差的零件(例如,细长轴、薄壁套)和结构特殊的要素(例如,跨距较大的孔),在满足功能要求的前提下,其几何公差等级可适当降低 1~2 级。

(4) 线对线和线对面相对于面对面的平行度或垂直度公差等级可适当降低 1~2 级。

4.5.4　基准要素的选择

在确定关联要素之间的方向或位置关系时,必须确定基准要素。选择基准要素时,应根据设计和使用要求,同时兼顾基准统一原则和零件的结构特征。主要从以下几个方面考虑:

(1) 根据零件的功能要求及要素之间的几何关系选择基准。例如,对于旋转的轴类零件,通常选择与轴承配合的轴颈作为基准。

(2) 从加工工艺和测量的角度考虑,通常选择在夹具、量具中定位的要素作为基准。以便使工艺基准、测量基准和设计基准统一。

(3) 从装配角度考虑,应选择零件相互配合、相互接触的表面作为基准,以保证零件的正确装配。例如,箱体类零件的安装面、盘类零件的端平面等。

采用多基准时,应选择对被测要素使用要求影响最大或定位最稳定的表面作为第一定位基准。

本 章 小 结

本章主要介绍了几何公差研究的对象是的几何要素,包括实际要素和理想要素;被测要素和基准要素。掌握公差原则的应用是关键。

1. 几何公差是限制被测实际要素变动的区域,有大小、形状、方向和位置四个要素。各种形状公差带的方向和位置是浮动的,用于限制被测要素的形状误差;各种定向公差带的方向是固定的,位置是浮动的,用于限制被测要素的形状和方向误差;定位公差带的形状、方向和位置都是固定的,用于限制被测要素的形状、方向和位置误差。因此,在选用几何公差值时应满足 $t_{几何} < t_{定向} < t_{定位}$。

2. 评定几何误差的基本准则是最小条件。评定几何误差时,被测要素的理想要素的位置必须符合最小条件才能使其评定值最小而且唯一,以避免误废和误收。

3. 被测要素的尺寸公差与其几何公差之间的关系采用公差原则来确定和处理,有独立原则和相关要求。后者包括包容要求、最大的实体要求及其可逆要求、最小实体要求及其可逆要求等。各种公差要求所控制的边界不同,应用场合也不同,分别用来保证零件的功能要求、配合性质要求、可装配性要求和强度要求等。设计时,应根据零件的使用要求合理选择。

练习题

4-1 解释图 4-77 所示零件中 a、b、c、d 各要素分别属于什么要素(被测要素、基准要素、单一要素、关联要素、轮廓要素、中心要素)。

4-2 试述几何公差和几何误差的含义。

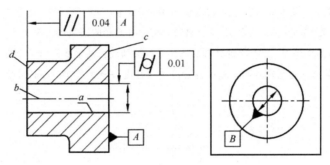

图 4-77 习题 4-1 图

4-3 下列几何公差项目的公差带有哪些不同点?
(1) 圆度和径向圆跳动公差带。
(2) 圆柱度和径向全跳动公差带。
(3) 端面对轴线的垂直度和端面全跳动公差带。

4-4 用文字解释图 4-78 所示几何公差标注的含义(说明被测要素和基准要素是什么? 公差特征项目符号和名称及公差带的大小、形状、方向、位置如何?)。

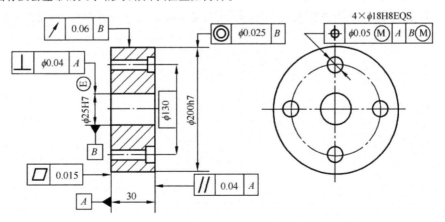

图 4-78 习题 4-4 图

4-5 改正图 4-79 所示各种几何公差标注的错误(不改变几何公差项目)。

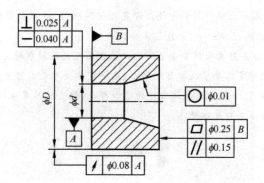

图 4-79   习题 4-5 图

4-6   将下列要求标注到图 4-80 所示的零件上。

（1）两个 $\phi25_{-0.021}^{0}$ 轴颈的圆度公差为 0.015 mm。

（2）$\phi40_{-0.025}^{0}$ 圆柱面对两个 $\phi25_{-0.021}^{0}$ 轴颈的公共轴线的径向圆跳动公差为 0.016 mm。

（3）$\phi40_{-0.025}^{0}$ 圆柱面左、右两端面对两个 $\phi25_{-0.021}^{0}$ 轴颈的公共轴线的端面圆跳动公差为 0.020 mm。

（4）$10_{-0.036}^{0}$ 键槽中心面对 $\phi40_{-0.025}^{0}$ 圆柱轴线的对称度公差为 0.015 mm，键槽深度尺寸为 6 mm。

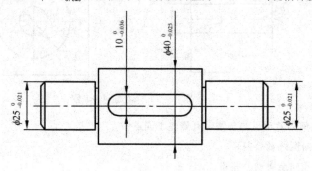

图 4-80   习题 4-6 图

4-7   什么是最小条件？评定形状误差时，为何要规定最小条件？试举例说明如何确定最小包容区域。

4-8   试说明包容要求、最大实体要求、最小实体要求、独立原则及其应用场合。

4-9   国家标准对几何公差的注出公差和未注公差有何规定？分别在图样上应如何表示？

第5章 表面粗糙度

学习目标

1. 了解表面粗糙度的概念和主要术语。
2. 熟练掌握表面粗糙度的主要评定参数、表面粗糙度的标注及表面粗糙度的选择。
3. 掌握(利用粗糙度标准样板)目测工件表面粗糙度的技能。
4. 掌握公差与配合的选用。

5.1 概　述

5.1.1 表面粗糙度的基本概念

用机械加工方法或利用其他方法获得的零件表面,总会存在着由较小间距和微小峰谷所组成的微量高低不平的痕迹,表述这些峰谷的高低程度和间距状况的微观几何形状特征的术语称为表面粗糙度。表面粗糙度主要是在加工过程中由刀具与被加工表面的摩擦、切削分离时表面金属层的塑性变形及工艺系统的高频振动等原因形成的。

粗糙度属于微观几何形状误差。事实上,加工后的零件表面并不是完全理想的平面,其截面轮廓形状由表面粗糙度、表面波度和形状误差叠加而成,如图5-1所示。目前,还没有划分上述三种误差的统一标准,通常可按相邻两波峰或两波谷之间的距离——波距 λ_R 的大小来划分:$\lambda_R < 1$ mm 的属于表面粗糙度(微观几何形状误差);$\lambda_R = 1 \sim 10$ mm 呈周期性变化的属于表面波度(中间几何形状误差);$\lambda_R > 10$ mm 且无明显周期性变化的属于形状误差(宏观几何形状误差)。

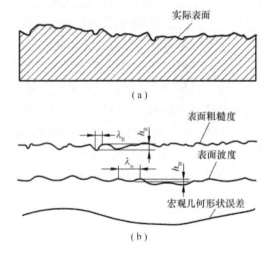

图5-1　表面实际轮廓、表面波度、
表面粗糙度和形状误差

5.1.2 表面粗糙度对机械零件使用性能的影响

表面粗糙度对机械零件使用性能及其寿命影响较大,尤其对在高温、高速和高压条件下工作的机械零件影响更大,其影响主要表现在以下几个方面:

1. 对耐磨性的影响

具有表面粗糙度的两个零件,当它们接触并产生相对运动时只是一些峰顶间的接触,从而减少了接触面积,比压增大,使磨损加剧。零件越粗糙,阻力就越大,零件磨损也越快。但需要指出的是,零件表面越光滑,磨损量不一定越小。因为零件的耐磨性除受表面粗糙度影响外,还与磨损下来的金属微粒的刻划,以及润滑油被挤出和分子间的吸附作用等因素有关。所以,过于光滑表面的耐磨性不一定好。

2. 对配合性质的影响

对于间隙配合,相对运动的表面因其粗糙不平而迅速磨损,致使间隙增大;对于过盈配合,表面轮廓峰顶在装配时易被挤平,实际有效过盈减小,致使连接强度降低。因此,表面粗糙度影响配合性质的可靠性和稳定性。

3. 对抗疲劳强度的影响

零件表面越粗糙,凹痕越深,波谷的曲率半径也越小,对应力集中越敏感。特别是当零件承受交变载荷时,由于应力集中的影响,使疲劳强度降低,导致零件表面产生裂纹而损坏。

4. 对接触刚度的影响

由于两表面接触时,实际接触面仅为理想接触面积的一部分。零件表面越粗糙,实际接触面积就愈小,单位面积压力增大,零件表面局部变形必然增大,接触刚度降低,影响零件的工作精度和抗振性。

5. 对抗腐蚀性的影响

粗糙的表面,易使腐蚀性物质存积在表面的微观凹谷处,并渗入到金属内部,致使腐蚀加剧。因此,提高零件表面粗糙度的质量,可以增强其抗腐蚀的能力。

此外,表面粗糙度大小还对零件结合的密封性;对流体流动的阻力;对机器、仪器的外观质量及测量精度等都有很大影响。

为提高产品质量,促进互换性生产,适应国际交流和对外贸易,保证机械零件的使用性能,应正确贯彻实施新的表面粗糙度标准。到目前为止,我国常用的表面粗糙度国家标准为《产品几何技术规范(GPS) 表面结构 轮廓法 表面结构的术语、定义及参数》(GB/T 3505—2009);《产品几何技术规范(GPS) 表面粗糙度 参数及其数值》(GB/T 1031—2009);《产品几何技术规范(GPS) 技术产品文件中表面结构的表示法》(GB/T 131—2006);《产品几何技术规范(GPS) 表面结构 轮廓法 评定表面结构的规则和方法》(GB/T 10610—2009)等。

5.2 表面粗糙度的评定

5.2.1 基本术语

由于加工表面的不均匀性,在评定表面粗糙度时,需要规定取样长度和评定长度等技术参数,以限制和减弱表面波纹度对表面粗糙度测量结果的影响。

1. 取样长度 lr

取样长度是指用于判别和测量表面粗糙度时所规定的一段基准线长度。规定取样长度是为了限制和削弱表面波度对表面粗糙度测量结果的影响。取样长度过长,表面粗糙度测量值中可能含有表面波度的成分;取样长度过短,也不能确切反映表面粗糙度的实际情况,一般在取样长度范围内应包含五个以上的轮廓峰和轮廓谷,如图 5 - 2 所示。

取样长度值的大小对表面粗糙度测量结果有影响。一般表面越粗糙,取样长度就越大。

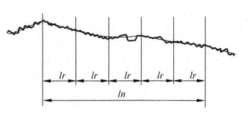

2. 评定长度 ln

评定长度是用于评定表面粗糙度所必需的一段长度,它可以包括一个或几个取样长度,如图 5 -2所示。

图 5 - 2 取样长度和评定长度

由于被测表面上各处表面粗糙度的不均匀性,所以只根据一个取样长度的测量结果不能准确评定表面粗糙度,须连续取几个取样长度,测量后取其平均值作为测量结果。一般情况下,取 $ln = 5lr$,其值如表 5 - 1 所示。若被测表面比较均匀,可选 $ln < 5lr$;若被测表面均匀性差,可选 $ln > 5lr$。

表 5 - 1 取样长度和评定长度的选用值

参数及数值/μm		取样长度 lr/mm	评定长度 ln/mm($ln = 5l$)
Ra	Rz		
$\geqslant 0.008 \sim 0.02$	$\geqslant 0.025 \sim 0.10$	0.08	0.4
$> 0.02 \sim 0.1$	$> 0.10 \sim 0.50$	0.25	1.25
$> 0.1 \sim 2.0$	$> 0.50 \sim 10.0$	0.8	4.0
$> 2.0 \sim 10.0$	$> 10.0 \sim 50.0$	2.5	12.5
$> 10.0 \sim 80.0$	$> 50 \sim 320$	8.0	40.0

3. 基准线

基准线是用于评定表面粗糙度数值大小的一条参考线,其位置在被评定的轮廓中部,故又称轮廓中线,有以下两种:

(1)轮廓最小二乘中线(简称中线)m。指在取样长度内,使轮廓上各点的轮廓偏距 y_i(轮廓上的各点至基准线的距离)的平方和为最小($\sum_{i=1}^{n} y_i = \min$)的基准线,如图 5 - 3 所示。

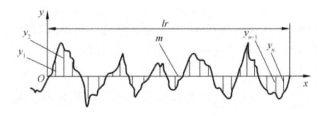

图 5 - 3 轮廓最小二乘中线示意图

(2)轮廓算术平均中线。指在取样长度内,划分实际轮廓为上、下两部分,且使上、下面积相等($\sum_{i=1}^{n} F_i = \sum F'_i$)的基准线,如图 5 - 4 所示。

轮廓最小二乘中线是很理想的基准线。但实际上很难找到它,可用轮廓算术平均中线代替最小二乘中线。当采用光学仪器测量时,通常用目测估计的办法来确定轮廓算术平均中线。

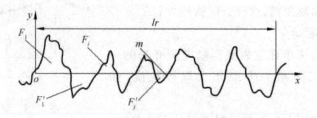

图 5 - 4　轮廓的算术平均中线示意图

5.2.2　评定参数

为了满足对零件表面不同的功能要求,国家标准(GB/T 3505—2000)从表面微观几何形状幅度、间距和形状等三个方面的特征,规定了相应的评定参数。

1. 幅度参数(高度参数)

在取样长度 lr 内,轮廓上各点至轮廓中线的距离 z_i 的绝对值的算术平均值,称为轮廓算术平均偏差 Ra,如图 5 - 5 所示。图中 x 轴为中线。

$$Ra = \frac{1}{lr}\int_0^{lr} |z(x)| \,dx$$

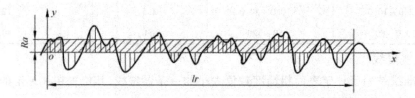

图 5 - 5　轮廓的算术平均偏差

或近似为

$$Ra \approx \frac{1}{n}\sum_{i=1}^{n} |z_i|$$

测得的 Ra 值越大,则表面越粗糙。Ra 能客观地反映表面微观几何形状误差,但因受到计量器具功能限制,不宜用作过于粗糙或太光滑表面的评定参数。

2. 轮廓最大高度 Rz

在取样长度 lr 内,轮廓峰顶线和轮廓谷底线之间的距离,称为轮廓最大高度 Rz,如图 5 - 6 所示。图中平行于基准线并通过轮廓最高点(最低点)的线称为峰顶线(谷底线)。

$$Rz = y_{p\max} + y_{v\max}$$

式中　$y_{p\max}$——轮廓最大峰高;

　　　$y_{v\max}$——轮廓最大谷深。

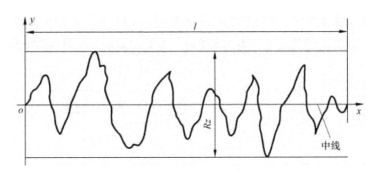

图 5 - 6　轮廓最大高度 Rz

3. 间距特征参数

1）轮廓微观不平度的平均间距 S_m

在取样长度 lr 内,轮廓微观不平度的间距 S_{mi} 的平均值,称为轮廓微观不平度的平均间距 S_m。

$$S_m = \frac{1}{n} \sum_{i=1}^{n} S_{mi}$$

式中　　S_{mi}——轮廓微观不平度的间距,含有一个轮廓峰(与中线有交点的峰)和相邻轮廓谷(与中线有交点的谷)的一段中线长度,如图 5 - 7 所示;

　　　　n——取样长度内 S_i 的个数。

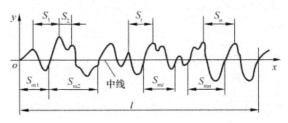

图 5 - 7　轮廓微观不平度间距和单峰间距的确定

2）轮廓的单峰平均距离 S

在取样长度 lr 内,轮廓的单峰间距 S_i 的平均值,称为轮廓的单峰平均距离 S。

$$S = \frac{1}{n} \sum_{i=1}^{n} S_i$$

式中　　S_i——轮廓的单峰间距,两相邻轮廓单峰的最高点在中线上的投影长度,如图 5 - 6 所示;

　　　　n——取样长度内 S_i 的个数。

S_m 和 S 的值反映被测表面加工痕迹的细密程度。S_m 和 S 的值越小,加工痕迹越细密。

4. 形状特征参数

在取样长度 lr 内,一条平行于中线的截线与轮廓相截所得到的各段截线长度 b_i 之和(即支承长度 η_p)与取样长度 lr 之比,即为轮廓支承长度率 t_p,如图 5 - 8 所示。

$$t_p = \frac{\eta_p}{lr} = \frac{\sum_{i=1}^{n} b_i}{lr} \times 100\%$$

截线与轮廓峰顶线间的距离 C 称为水平截距。显然,同一轮廓上取不同的 C 值所得到的 t_p 值是不同的。所以,t_p 值是对应于不同水平截距 C 而给定的。C 值可用微米(μm)或 Rz 的百分数表示。

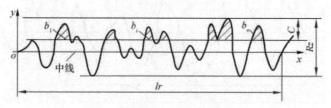

图 5-8 轮廓支承长度的确定

t_p 值大,表示该轮廓的凸起实体部分较多,即起支承载荷作用的长度长,接触刚度高,承载能力及耐磨性也好。

国家标准规定,高度特征参数是基本评定参数,而间距和形状特征参数是附加评定参数。在图样上给出表面粗糙度参数时,一般只给出高度特征参数。只有在对零件表面轮廓的细密程度有严格要求时,才用间距特征参数。若要求轮廓实际接触面积大或耐磨性好时,才用形状特征参数。

5.2.3 评定参数值及选用

表面粗糙度的评定参数值已经标准化,设计时应按国家标准《产品几何技术规范(GPS)表面结构 轮廓法 表面粗糙度参数及其数值》(GB/T 1031—2009)规定的参数值系列选取,如表 5-2 ~ 表 5-5 所示。

表 5-2 轮廓算术平均偏差 Ra 的数值系列

Ra	0.012	0.20	3.2	50
	0.025	0.40	6.3	100
	0.050	0.80	12.5	
	0.100	1.60	25	

表 5-3 轮廓最大高度 Rz 的数值系列

Rz	0.025	0.4	6.3	100	1 600
	0.050	0.8	12.5	200	
	0.1	1.6	25	400	
	0.2	3.2	50	800	

表 5-4 轮廓微观不平度的平均间距 S_m、轮廓单峰的平均间距 S 的数值系列

S_m、S	0.006	0.1	1.6
	0.0125	0.2	3.2
	0.025	0.4	6.3
	0.05	0.8	12.5

表 5-5 轮廓支承长度率 t_p% 的数值系列

t_p%	10	15	20
	25	30	40
	50	60	70
	80	90	

5.3 表面粗糙度的标注

图样上所标注的表面粗糙度符号、代号,是该表面完工后的要求。表面粗糙度的标注应符合国家标准(GB/T 131—2006)的规定。

5.3.1　表面粗糙度的符号

图样上表示的零件表面粗糙度符号及其说明,如表 5-6 所示。若仅需要加工(采用去除材料的方法或不去除材料的方法)但对表面粗糙度的其他规定没有要求时,允许只注表面粗糙度符号。

表 5-6　表面粗糙度符号及意义

符　　号	意 义 及 说 明
	基本符号,表示表面可用任何方法获得。当不加注粗糙度参数值或有关说明时,仅适用于简化代号标注
	基本符号加一短划,表示表面是用去除材料的方法获得。例如:车、铣、钻、磨、电加工等
	基本符号加一小圆,表示表面是用不去除材料的方法获得。例如:铸、锻、冲压变形、热轧、粉末冶金等或用于保持原供应状况的表面(包括保持上道工序的状况)
	完整图符号,在上述三个符号的长边上均可加一横线,用于标注有关参数和说明
	在上述三个符号上均可加一小圆,表示所有表面具有相同的表面粗糙度要求

5.3.2　表面粗糙度的代号及标注

在表面粗糙度符号的基础上,注上其他有关表面特征的符号即构成了表面粗糙度的代号。图样上标注的表面粗糙度代号,是表示该表面完工后的要求。表面粗糙度数值及其有关规定在符号中注写的位置,如图 5-9 所示。一般情况下,只注出表面粗糙度评定参数代号及其允许值即可。如果对零件表面功能有特殊要求时,则还应注出表面特征的其他规定,例如,取样长度、加工纹理方向、加工方法等。

图 5-9 所示字母的意义如下:

位置 a:注写传输带或取样长度(单位为 mm)/粗糙度参数代号及其数值(第一个表面结构要求,单位为 μm)。

位置 b:注写粗糙度参数代号及其数值(第二个表面结构要求)。

位置 c:注写加工要求、镀覆、涂覆、表面处理或其他说明等。

位置 d:注写加工纹理方向符号。

位置 e:注写加工余量(单位为 mm)。

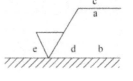

图 5-9　表面粗糙度
代号及标注

表面粗糙度幅度参数 Ra 和 Rz 是基本参数,标注在参数值前。表面粗糙度幅度参数的各种标注方法及其意义见表 5-7。

表 5 - 7　表面粗糙度幅度(高度)参数的标注

代　号	意　义	代　号	意　义
$\sqrt{Ra3.2}$	用任何方法获得的表面粗糙度 Ra 的上限值为 3.2 μm	$\sqrt{Ra_{max}3.2}$	用任何方法获得的表面粗糙度 Ra 的最大值为 3.2 μm
$\sqrt{Ra3.2}$	用去除材料方法获得的表面粗糙度 Ra 的上限值为 3.2 μm	$\sqrt{Ra_{max}3.2}$	用去除材料方法获得的表面粗糙度 Ra 的最大值为 3.2 μm
$\sqrt{Ra3.2}$	用不去除材料方法获得的表面粗糙度 Ra 的上限值为 3.2 μm	$\sqrt{Ra_{max}3.2}$	用不去除材料方法获得的表面粗糙度 Ra 的最大值为 3.2 μm
$\sqrt{\begin{array}{l}URa3.2\\LRa1.6\end{array}}$	用去除材料方法获得的表面粗糙度 Ra 的上限值为 3.2 μm，Ra 的下限值为 1.6 μm	$\sqrt{\begin{array}{l}Ra_{max}3.2\\Ra_{min}1.6\end{array}}$	用去除材料方法获得的表面粗糙度 Ra 的最大值为 3.2 μm，Ra 的最小值为 1.6 μm
$\sqrt{Rz3.2}$	用任何方法获得的表面粗糙度 Rz 的上限值为 3.2 μm	$\sqrt{Rz_{max}3.2}$	用任何方法获得的表面粗糙度 Rz 的最大值为 3.2 μm
$\sqrt{\begin{array}{l}URz3.2\\LRz1.6\end{array}}$　$\sqrt{\begin{array}{l}Rz\ 3.2\\Rz\ 1.6\end{array}}$	用去除材料方法获得的表面粗糙度 Rz 的上限值为 3.2 μm，Rz 的下限值为 1.6 μm(在不引起误会的情况下，也可省略标注 U、L)	$\sqrt{\begin{array}{l}Rz_{max}3.2\\Rz_{min}1.6\end{array}}$	用去除材料方法获得的表面粗糙度 Rz 的最大值为 3.2 μm，Rz 的最小值为 1.6 μm
$\sqrt{\begin{array}{l}URa3.2\\URz1.6\end{array}}$	用去除材料方法获得的表面粗糙度 Ra 的上限值为 3.2 μm，Rz 的上限值为 1.6 μm	$\sqrt{\begin{array}{l}Ra_{max}3.2\\Rz_{max}1.6\end{array}}$	用去除材料方法获得的表面粗糙度 Ra 的最大值为 3.2 μm，Rz 的最大值为 1.6 μm

5.3.3　表面粗糙度附加参数的标注

　　表面粗糙度的间距参数和混合特性参数为附加参数，图 5 - 10(a)所示为 Rsm 上限值的标注示例;图 5 - 10(b)所示为 Rsm 最大值的标注示例;图 5 - 10(c)所示为 $Rmr(c)$ 的标注示例，表示水平截距 C 在 Rz 的 50% 位置上，$Rmr(c)$ 为 70% ，此时 $Rmr(c)$ 为下限值;图 5 - 10(d)所示为 $Rmr(c)$ 最小值的标注示例。

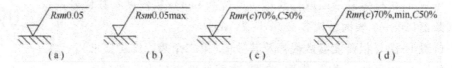

图 5 - 10　表面粗糙度附加参数标注

　　表面粗糙度的标注如图 5 - 11(a)所示。若某表面的粗糙度要求由指定的加工方法(例如，铣削)获得时，可用文字标注在图 5 - 11(b)所示的规定处。

　　若需要标注加工余量(假设加工总余量为 7 mm)，应将其标注在图 5 - 11(c)规定处。

　　若需要控制表面加工纹理方向时，可在图 5 - 10 所示的规定之处，加注加工纹理方向符号，如图 5 - 11(c)所示。标准规定了加工纹理方向符号，如表 5 - 8 所示。

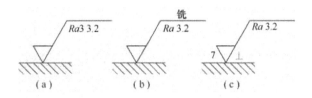

图 5-11 表面粗糙度其他项目标注

表 5-8 加工纹理方向的符号

符号	图例与说明	符号	图例与说明
=	纹理沿平行方向	M	纹理呈多方向
⊥	纹理沿垂直方向	C	纹理近似为以表面的中心为圆心的同心圆
X	纹理沿二交叉方向	R	纹理近似为通过表面中心的辐线
		P	纹理无方向或呈凸起的细粒状

注:若表中所列符号不能清楚表明所要求的纹理方向,应在图样上用文字说明。

5.3.4 表面粗糙度图样上的标注方法

表面粗糙度符号、代号一般注在可见轮廓线或其延长线(见图 5-12 和图 5-14)和指引线(见图 5-13)、尺寸线、尺寸界线(见图 5-15)上;也可标注在公差框格上方(见图 5-14)或圆柱和棱柱表面上。符号的尖端必须从材料外指向表面。其中注在螺纹直径上的符号表示螺纹工作表面的粗糙度。在同一图样上,每一表面一般只标注一次符号、代号,并尽可能靠近有关的尺寸线(见图 5-15);如果每个棱柱表面有不同的要求,则分别单独标注。

倒角、圆角和键槽的粗糙度标注方法,如图 5-16 和图 5-17 所示。

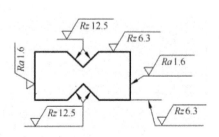

图 5-12 表面粗糙度在轮廓线上的标注

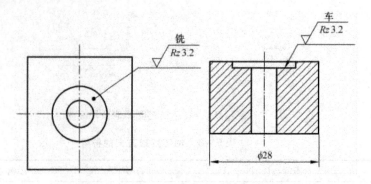

图 5-13　用指引线引出标注表面粗糙度

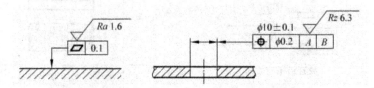

图 5-14　表面粗糙度标注在几何公差框格的上方

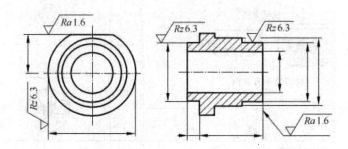

图 5-15　表面粗糙度标注在圆柱特征的延长线上

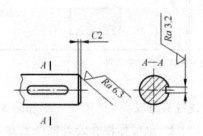

图 5-16　键槽的表面粗糙度注法

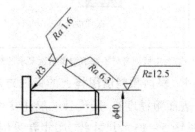

图 5-17　圆角和倒角的表面粗糙度注法

5.3.5　简化注法

　　当零件除注出表面外,其余所有表面具有相同的表面粗糙度要求时,其符号、代号可在图样上统一标注,并采用简化注法,如图 5-18 和图 5-19 所示,表示除 Rz 值为 1.6 和 6.3 的表面外,其余所有表面粗糙度 Ra 的值均为 3.2,两种注法意义相同。

　　当多个表面具有相同的表面结构要求或图纸空间有限时,也可采用简化注法,以等式的形式给出,如图 5-20 和图 5-21 所示。

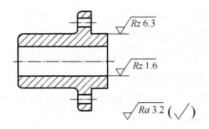

图 5 - 18　简化标注(一)

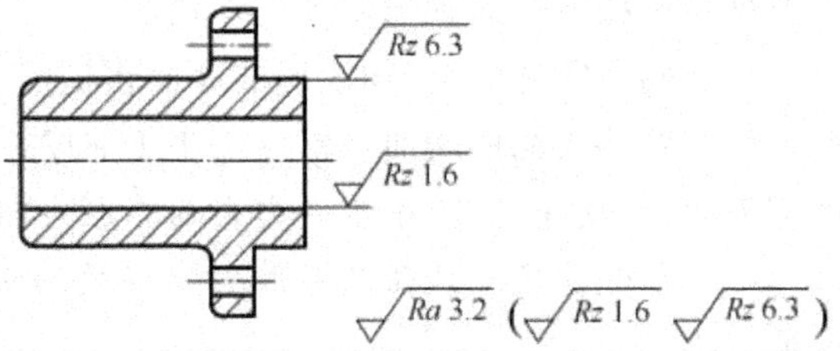

图 5 - 19　简化标注(二)

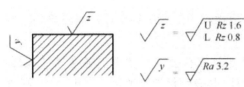

图 5 - 20　图纸空间有限时的简化注法

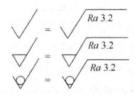

图 5 - 21　只用符号的简化注法

5.4　表面粗糙度的选择

表面粗糙度评定参数值的选用既要满足零件表面功能的要求,也要考虑到加工的经济性。一般来说,表面粗糙度数值越小,制造成本越高。因此,在满足使用性能要求的前提下,应尽可能选用较大的评定参数值。

5.4.1　表面粗糙度评定参数的选用

1. 对幅度参数的选用

一般情况下可以从幅度参数 Ra 和 Rz 中任选一个,但在常用值范围内(Ra 为 0.025~6.3 μm),优先选用 Ra。因为通常采用电动轮廓仪测量零件表面的 Ra 值,其测量范围为 0.02~8 μm。

Rz 通常用光学仪器——双管显微镜或干涉显微镜测量。粗糙度要求特别高或特别低($Ra < 0.025$ μm 或 $Ra > 6.3$ μm)时,选用 Rz。Rz 用于测量部位小、峰谷小或有疲劳强度要求的零件表面的评定。

三种表面的轮廓最大高度参数相同,而使用质量显然不同,由此可见,只用幅度参数不能全面反映零件表面微观几何形状误差。

2. 对间距参数的选用

对附加评定参数 Rsm 和 $Rmr(c)$,一般不能作为独立参数选用,只有少数零件的重要表面且有特殊使用要求时才附加选用。

Rsm 主要在对涂漆性能,冲压成形时抗裂纹、抗振、抗腐蚀、减小流体流动摩擦阻力等有要求时选用。

3. 对混合参数的选用

支承长度率 $Rmr(c)$ 主要在耐磨性、接触刚度要求较高等场合附加选用。

5.4.2　参数值的选择

确定零件表面粗糙度评定参数值时,除有特殊要求的表面外,类比法是通常采用的方法。

一般可考虑按下述原则选用评定参数值。

（1）同一零件上，工作表面的表面粗糙度值应比非工作表面小。

（2）摩擦表面的表面粗糙度值小于非摩擦表面；滚动摩擦表面的表面粗糙度值小于滑动摩擦表面；运动速度高、单位压力大的摩擦表面，表面粗糙度值应小。

（3）承受交变动载荷的零件表面以及易引起应力集中的部位（圆角、沟槽等），表面粗糙度值应小。

（4）配合性质要求稳定的较小间隙的间隙配合和承受重载荷的过盈配合的结合表面，应选用较小的表面粗糙度值。

（5）配合性质相同，零件尺寸越小时，表面粗糙度值应越小；同一公差等级，小尺寸比大尺寸、轴比孔的表面粗糙度值要小。

（6）配合零件的表面粗糙度值应与尺寸及形状公差相协调。通常尺寸及形状公差值小时，表面粗糙度值也小；尺寸公差较大的表面，其表面粗糙度值不一定也很大，例如，医疗器械、机床的手轮、手柄的表面，为了造型美观，操作舒适，都要求表面很光滑。

表 5-9 所示为孔和轴的表面粗糙度参数推荐值，表 5-10 所示为表面粗糙度参数值与所适应的零件表面，供选用时参考。

表 5-9 孔和轴的表面粗糙度参数推荐值

应用场合			$Ra/\mu m$	
示例	公差等级	表面	公称尺寸/mm	
			≤50	>50~500
经常装拆的配合表面	IT5	轴	≤0.2	≤0.4
		孔	≤0.4	≤0.8
	IT6	轴	≤0.4	≤0.8
		孔	0.4~0.8	0.8~1.6
	IT7	轴	0.4~0.8	0.8~1.6
		孔	≤0.8	≤1.6
	IT8	轴	≤0.8	≤1.6
		孔	0.8~1.6	1.6~3.2

应用场合			公称尺寸/mm		
	公差等级	表面	≤50	>50~120	>120~500
过盈配合的配合表面	压力机装配 IT5	轴	0.1~0.2	≤0.4	≤0.4
		孔	0.2~0.4	≤0.8	≤0.8
	压力机装配 IT6~IT7	轴	≤0.4	≤0.8	≤1.6
		孔	≤0.8	≤1.6	≤1.6
	压力机装配 IT8	轴	≤0.8	0.8~1.6	1.6~3.2
		孔	≤1.6	1.6~3.2	1.6~3.2
	热孔法装配	轴	≤1.6		
		孔	1.6~3.2		

应用场合			$Ra/\mu m$					
示例	公差等级	表面	公称尺寸/mm					
			≤50		>50~500			
滑动轴承表面	IT6~IT9	轴	0.4~0.8					
		孔	0.8~1.6					
	IT10~IT12	轴	0.8~3.2					
		孔	1.6~3.2					
	流体润滑	轴	0.1~0.4					
		孔	0.2~0.8					
定心精度高的配合表面	公差等级	表面	径向跳动/μm					
			2.5	4	6	10	16	25
	IT5~IT8	轴	≤0.05	≤0.1	≤0.1	≤0.2	≤0.4	≤0.8
		孔	≤0.1	≤0.2	≤0.2	≤0.4	≤0.8	≤1.6

表 5-10　表面粗糙度参数值与所适应的零件表面

$Ra/\mu m$	适应的零件表面
12.5	粗加工非配合表面,例如,轴端面、倒角、钻孔、键槽非工作面、垫圈接触面、不重要的安装支承面、螺钉、铆钉孔表面
6.3	半精加工表面。不重要的零件的非配合表面,例如,支柱、轴、支架、外壳、衬套、盖等的端面;螺钉、螺母和螺栓的自由表面;不要求定心和配合特性的表面,例如,螺栓孔、螺钉通孔、铆钉孔;飞轮、带轮、离合器、联轴节、凸轮、偏心轮的侧面;平键及键槽的上下面,花键非定心表面,齿顶圆表面;所用轴和孔的退刀槽;不重要的连接配合表面
3.2	半精加工表面。外壳、箱体、盖、套筒、支架等和其他零件连接面而不形成配合的表面;不重要的紧固螺纹表面,非传动用梯形螺纹、锯齿螺纹表面;燕尾槽表面;键和键槽工作面;需要发蓝的表面;需滚花的预加工表面;低速滑动轴承和轴的摩擦面;张紧链轮、导向滚轮与轴的配合表面
1.6	要求有定心及配合特性的固定支承、衬套、轴承和定位销的压入孔表面;不要求定心及配合特性的活动支承面,活动关节及花键结合面;8级齿轮的齿面,齿条齿面;传动螺纹工作面;低速传动的轴颈;楔形键及键槽上、下面;轴承盖凸肩(对中用),V带轮槽表面,电镀前金属表面
0.8	要求保证定心及配合特性的表面。锥销和圆柱销表面;与 G 和 E 级滚动轴承相配合的孔和轴颈表面;中速转动的轴颈,过盈配合的孔 IT7,间隙配合的孔 IT8,花键轴定心表面,滑动导轨面
0.4	不要求保证定心及配合特性的活动支承面:高精度的活动球状接头表面、支承垫圈、榨油机螺旋榨辊表面
0.2	要求能长期保持配合特性的IT6,IT5,6级精度齿轮齿面,蜗杆齿面(6~7级),与 D 级滚动轴承配合的孔和轴颈表面;要求保证定心及配合特性的表面;滚动轴承轴瓦工作表面;分度盘表面;工作时受交变应力的重要零件表面;受力螺栓的圆柱表面,曲轴和凸轮轴工作表面,发动机气门圆锥面,与橡胶油封相配合的轴表面

Ra/μm	适应的零件表面
0.1	工作时受较大交变应力的重要零件表面,保证疲劳强度、防腐性及在活动接头工作中耐久性的表面;精密机床主轴箱与套筒配合的孔;活塞销的表面;液压传动用孔的表面,阀的工作表面,汽缸内表面,保证精确定心的锥体表面;仪器中承受摩擦的表面,例如,导轨、槽面
0.05	滚动轴承套圈滚道、滚珠及滚柱表面,摩擦离合器的摩擦表面,工作量规的测量表面;精密刻度盘表面,精密机床主轴套筒外圆面
0.025	特别精密的滚动轴承套圈滚道、滚珠及滚柱表面;量仪中较高精度间隙配合零件的工作表面;柴油机高压泵中柱塞副的配合表面;保证高度气密的接合表面
0.012	仪器的测量面;量仪中高精度间隙配合零件的工作表面;尺寸超过 100 mm 量块的工作表面

5.5 表面粗糙度的测量

目前常用的表面粗糙度的测量方法主要有比较法、光切法、针描法、干涉法、激光反射法等。

1. 比较法

比较法是将被测表面与已知其评定参数值的粗糙度样板相比较,如果被测表面精度较高时,可借助于放大镜、比较显微镜进行比较,以提高检测精度。比较样板的选择应使其材料、形状和加工方法与被测工件尽量相同。

比较法简单实用,适合于车间条件下判断较粗糙的表面。比较法的判断准确程度与检验人员的技术熟练程度有关。

2. 光切法

光切法是利用"光切原理"测量表面粗糙度的方法,其原理示意图如图 5 - 22 所示。

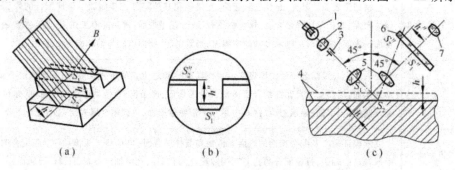

图 5 - 22 光切法测量原理示意图

图 5 - 22(a)所示为被测表面为阶梯面,其阶梯高度为 h。由光源发出的光线经狭缝后形成一个光带,此光带与被测表面以夹角为 45°的方向 A 与被测表面相截,被测表面的轮廓影像沿 B 向反射后可由显微镜中观察得到图 5 - 22(b)所示结构。其光路系统如图 5 - 22(c)所示。光源 1 通过聚光镜 2、狭缝 3 和物镜 5,以 45°角的方向投射到工件表面 4 上,形成一个窄的细光带。光带边缘的形状,即光束与工件表面的交线,也就是工件在 45°截面上的轮廓形

状,此轮廓曲线的波峰在 S_1 点反射,波谷在 S_2 点反射,通过物镜5,分别成像在分划板6上的 S_1'' 和 S_2'' 点,其峰、谷影像高度差为 h''。由仪器的测微装置可读出此值,按定义测出评定参数 Rz 的数值。

按光切原理设计制造的表面粗糙度测量仪器称为光切显微镜(或双管显微镜)其测量范围 Rz 为 $0.8 \sim 80$ μm。

3. 针描法

针描法是利用仪器的触针在被测表面上轻轻划过,被测表面的微观不平度将使触针作垂直方向的位移,再通过传感器将位移量转换成电量,经信号放大后送入计算机,在显示器上示出被测表面粗糙度的评定参数值。也可由记录器绘制出被测表面轮廓的误差图形,其工作原理如图 5-23 所示。

按针描法原理设计制造的表面粗糙度测量仪器通常称为轮廓仪。根据转换原理的不同,可以有电感式轮廓仪、电容式轮廓仪、压电式轮廓仪等。轮廓仪可测 Ra、Rz、Rsm 及 $Rmr(c)$ 等多个参数。

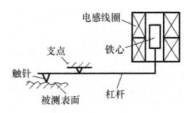

图 5-23　针描法测量原理示意图

除上述轮廓仪外,还有光学触针轮廓仪,它适用于非接触测量,以防止划伤零件表面,这种仪器通常直接显示 Ra 值,其测量范围为 $(0.02 \sim 5)$ μm。

4. 干涉法

干涉法是利用光波干涉原理测量表面粗糙度的方法。根据干涉原理设计制造的仪器称为干涉显微镜,其基本光路系统如图 5-24(a)所示。由光源 1 发出的光线经平面镜 5 反射向上,至半透半反分光镜 9 后分成两束。一束向上射至被测表面 18 返回,另一束向左射至参考镜 13 返回。此两束光线会合后形成一组干涉条纹。干涉条纹的相对弯曲程度反映被测表面微观不平度的状况,如图 5-24(b)所示。仪器的测微装置可按定义测出相应的评定参数 Rz 值,其测量范围为 $(0.025 \sim 0.8)$ μm。

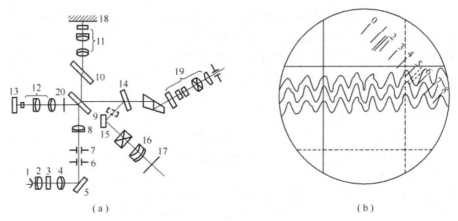

图 5-24　干涉法测量原理示意图

5. 激光反射法

激光反射法的基本原理是用激光束以一定的角度照射到被测表面,除了一部分光被吸收以外,大部分被反射和散射。反射光与散射光的强度及其分布与被照射表面的微观不平度状况有关。通常,反射光较为集中形成明亮的光斑,散射光则分布在光斑周围形成较弱的光带。较为光洁的表面,光斑较强、光带较弱且宽度较小;较为粗糙的表面则光斑较弱,光带较强且宽度较大。

6. 三维几何表面测量

表面粗糙度的一维和二维测量,只能反映表面不平度的某些几何特征,把它作为表征整个表面的统计特征是很不充分的,只有用三维评定参数才能真实地反映被测表面的实际特征。为此国内外都在致力于研究开发三维几何表面测量技术,现已将光纤法、微波法和电子显微镜等测量方法成功地应用于三维几何表面的测量。

本章小结

1. 表面粗糙度是零件被加工表面上的几何形状微观不平度。表面粗糙度会影响零件的使用。

2. 根据国家标准,表面粗糙度的评定参数有轮廓算术平均偏差,轮廓最大高度,表面粗糙度评定参数的值已经标准化。

3. 国家标准对表面粗糙度代(符)号及其标注作了规定。表面粗糙度的选择原则:满足使用性能,兼顾经济性。选用表面粗糙度数值常用类比法。

4. 表面粗糙度的检测方法有比较法、光切法、干涉法、针描法等,常用比较法、光切法、干涉法。

练习题

一、判断题

5-1 评定表面轮廓粗糙度所必需的一段长度称取样长度,它可以包含几个评定长度。 ( )

5-2 Rz 参数由于测量点不多,因此在反映微观几何形状高度方面的特性不如 Ra 参数充分。 ( )

5-3 选择表面粗糙度评定参数值应尽量小好。 ( )

5-4 零件的尺寸精度越高,通常表面粗糙度参数值相应取得越小。 ( )

5-5 零件的表面粗糙度值越小,则零件的尺寸精度应越高。 ( )

5-6 摩擦表面应比非摩擦表面的表面粗糙度数值小。 ( )

5-7 要求配合精度高的零件,其表面粗糙度数值应大。 ( )

5-8 受交变载荷的零件,其表面粗糙度值应小。 ( )

二、多项选择题

5-9 表面粗糙度值越小,则零件的_____。

A. 耐磨性好   B. 配合精度高

C. 抗疲劳强度差   D. 传动灵敏性差

E. 加工容易

5-10 选择表面粗糙度评定参数值时,下列论述正确的有_____。

A. 同一零件上工作表面应比非工作表面参数值大

B. 摩擦表面应比非摩擦表面的参数值小

C. 配合质量要求高,参数值应小

D. 尺寸精度要求高,参数值应小

E. 受交变载荷的表面,参数值应大

5 - 11　下列论述正确的有 _____ 。

A. 表面粗糙度属于表面微观性质的形状误差

B. 表面粗糙度属于表面宏观性质的形状误差

C. 表面粗糙度属于表面波纹度误差

D. 经过磨削加工所得表面比车削加工所得表面的表面粗糙度值大

E. 介于表面宏观形状误差与微观形状误差之间的是波纹度误差

5 - 12　表面粗糙度代(符)号在图样上应标注在 _____ 。

A. 可见轮廓线上

B. 尺寸界线上

C. 虚线上

D. 符号尖端从材料外指向被标注表面

E. 符号尖端从材料内指向被标注表面

三、问答题

5 - 13　简述表面粗糙度对零件的使用性能的影响。

5 - 14　规定取样长度和评定长度的目的是什么?

5 - 15　表面粗糙度的主要评定参数有哪些?优先采用哪个评定参数?

5 - 16　常见的加式纹理方向符号有哪些?各代表什么意义?

第6章 光滑极限量规设计

1. 了解光滑极限量规的作用和种类。
2. 掌握工作量规公差带的分布。
3. 掌握工作量规的设计方法。
4. 理解泰勒原则的含义,符合泰勒原则的量规应具有的要求。

6.1 概　述

光滑极限量规结构简单、使用方便可靠,所以是机械产品最广泛采用的一种检验工具。因此,掌握光滑极限量规的知识,对专用量具的使用和设计都是很实用的。

光滑极限量规(简称量规)是指具有以孔或轴的上极限尺寸和下极限尺寸为公称尺寸的标准测量面,能反映控制被检孔或轴边界条件的无刻线长度测量器具。由于量规结构简单,使用方便、可靠,检验效率高,省时可靠,并能保证互换性,因此量规在机械制造中得到广泛的应用,特别适用于成批大量生产的工件场合。

6.1.1 量规的作用

量规是一种无刻度定值专用量具,用它来检验工件时,只能判断工件是否合格,而不能测量出工件的实际尺寸。当图样上被测要素的尺寸公差和几何公差按独立原则标注时,一般适用通用计量器具分别测量。当单一要素的孔和轴采用包容要求标注时,则应采用量规来检验,将尺寸误差几何误差都控制在尺寸公差范围内。

光滑极限量规一般分为塞规和卡规两大类。

检验工件孔径的量规一般又称为塞规,如图 6-1(a)所示。塞规包括"通规"和"止规"两部分,应成对使用,尺寸较小的塞规,其通规和止规直接配制在一个塞规体上,尺寸较大的塞规,做成片状或棒状的。塞规的通端按被测工件孔的 MMS(D_{min})制造,止规按被测孔的 LMS(D_{max})制造。使用时,塞规的通端若能通过被测工件孔,表示被测孔径大于其 D_{min},止规若塞不进工件孔,表示孔径小于其 D_{max},因此可知被测孔的实际尺寸在规定的极限尺寸范围内,是合格的,否则,若通规塞不进工件孔,或者止规能通过被测工件孔,则此孔为不合格的。

检验工件轴径的量规一般称为卡规或环规,如图 6-1(b)所示。检验轴用的卡规有"通规"和"止规"两部分,且通端按被测工件轴的 MMS(d_{max})制造,止规按被测轴的 LMS(d_{min})制造。使用时,通端若能通过被测工件轴,而止规不能被通过,则表示被测轴的实际尺寸在规定的极限尺寸范围内,为合格,否则,为不合格。

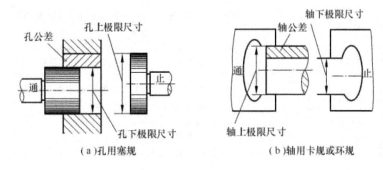

图 6-1　光滑极限量规

6.1.2　量规种类

光滑极限量规的标准是 GB/T 1957—2006,仍适用于检测国家标准《极限与配合》中验公称尺寸至 500 mm,公差等级为 IT6~IT16 级的采用包容要求的孔与轴。

量规按其用途不同分为工作量规、验收量规和校对量规。

1. 工作量规

工作量规是工人在工件的生产过程中用来检验工件的量规。其通端代号为"T",止端代号为"Z"。

2. 验收量规

验收量规是检验部门或用户验收产品时使用的量规。国家标准对工作量规的公差带作了规定,而没有规定验收量规的公差,但规定了工作量规与验收量规的使用顺序,即,加工者应使用新的或磨损较少的量规;检验部门应使用与加工者具有相同形式且已磨损较多的量规;而用户在用量规验收产品时,通规应接近工件的 MMS,而止规应该接近工件的 LMS,这样规定的目的,在于尽量避免工人制造的合格工件,被检验人员或用户误判为不合格品。

3. 校对量规

校对量规是校对制造和使用过程中轴用工作量规的量规。因为工作量规在制造和使用过程中常会发生碰撞、变形、且通规经常通过零件还容易磨损,所以轴用工作量规必须进行定期校对。孔用量规虽然也需定期校对,但可以用通用量仪检测,且比较方便,故不需规定专用的校对量规。

国家标准(GB/T 1957—2006)规定了量规的代号和使用规则,如表 6-1 所示。

表 6-1　量　　规

名　　称	代号	使用规则
通端工作环境	T	通端工作环境应通过轴的全长
"校通-通"塞规	TT	"校通—通"塞规的整个长度都应进入新制的通端工作环规孔内,而且应在孔的全长上进行检验

名　称	代号	使用规则
"校通—损"塞规	TS	"校通—损"塞规不应进如完全磨损的校对工作环规孔内,如有可能,应在孔的两端进行检验
止端工作环	Z	沿着和环绕不少于四位置上进行检验
"校止—通"塞规	ZT	"校止—通"塞规的整个长度都应该进入制造的通端工作环规孔内,而且应该在孔的全长上进行检验
通端工作塞规	T	通端工作塞规的整个长度都应进入孔内,而且应在孔的全长上进行检验
止端工作塞规	Z	止端工作塞规不能通过孔内,如有可能,应在孔的两端进行检验

6.2　量规尺寸公差带

　　虽然量规是一种精密的检验工具,其制造精度要求比被检验工件更高,但在制造时也不可避免地会产生误差,因此量规也必须规定制造公差。

　　由于通规在使用过程中经常通过工件,因而会逐渐磨损。为了使通规具有一定的使用寿命,应留出适当的磨损储量,因此对通规规定磨损极限,即将通规公差带从最大实体尺寸向工件公差带内缩一个距离;而止规通常不通过工作,所以不需要留磨损储量,故将止规公差带放在工件公差带内,紧靠最小实体尺寸处。校对量规也不需要留磨损储量。

6.2.1　工作量规的公差带

　　国家标准(GB/T 1957—2006)规定量规的公差带不得超越工件的公差带,这样有利于防止误收,保证产品质量与互换性。但有时会把一些合格的工件检验成不合格,实质上缩小了工件公差范围,提高了工件的制造精度。工作量规的公差带分布如图6-2所示。

　　图6-2所示 T 为量规制造公差,Z 为位置要素(即通规制造公差带中心到工件最大实体尺寸之间的距离),T、Z 的大小取决于工件公差的大小。T_p 为用于工作环规的校对塞规的尺寸公差。国家标准规定的 T 值和 Z 值如表6-2所示。通规的磨损极限尺寸等于工件的最大实体尺寸。

表6-2　IT6-IT16级工作量规制造公差和位置要素值(摘录)　　　　(单位:μm)

工件孔或轴的公称尺寸 D/mm	IT6			IT7			IT8			IT9			IT10		
	IT6	T	Z	IT7	T	Z	IT8	T	Z	IT9	T	Z	IT10	T	Z
<3	6	1	1	10	1.2	1.6	14	1.6	2	25	2	3	40	2.4	4
≥3~6	8	1.2	1.4	12	1.4	2	18	2	2.6	60	2.4	4	48	3	5
≥6~10	9	1.4	1.6	15	1.8	2.4	22	2.4	3.2	36	2.8	5	58	3.6	6
≥10~18	11	1.6	2	18	2	2.8	27	2.8	4	43	3.4	6	70	4	8
≥18~30	13	2	2.4	21	2.4	3.4	33	3.4	5	52	4	7	84	5	9

126

工件孔或轴的基本尺寸 D/mm	IT6			IT7			IT8			IT9			IT10		
	IT6	T	Z	IT7	T	Z	IT8	T	Z	IT9	T	Z	IT10	T	Z
≥30~50	16	2.4	2.8	25	3	4	39	4	6	62	5	8	100	6	11
≥50~80	19	2.8	3.4	60	3.6	4.6	46	4.6	7	74	6	9	120	7	13
≥80~120	22	3.2	3.8	35	4.2	5.4	54	5.4	8	87	7	10	140	8	15
≥120~180	25	3.8	4.4	40	4.8	6	63	6	9	100	8	12	160	9	18
≥180~250	29	4.4	5	46	5.4	7	72	7	10	115	9	14	185	10	20
≥250~315	32	4.8	5.6	52	6	8	81	8	11	130	10	16	320	12	22
≥315~400	36	5.4	6.2	57	7	9	89	9	12	140	11	18	230	14	25
≥400~500	40	6	7	63	8	10	97	10	14	155	12	20	250	16	28

6.2.2　校对量规的公差带

只有轴用量规才有校对量规。校对量规的公差带如图 6-2 所示。

1. "校通—通"量规(代号 TT)

"校通—通"量规(TT)其作用是防止轴用通规尺寸过小,其公差带从通规的下偏差算起,向轴用通规公差带内分布。检验时,该校对塞规应该通过轴用通规,否则应判断该轴用通规不合格。

2. "校止—通"量规(代号 ZT)

"校止—通"量规(ZT)其作用是防止轴用止规尺寸过小,其公差带是从止规的下偏差起,向轴用止规公差带内分布。检验时,该校对塞规应该通过轴用止规,否则应判断该轴用止规不合格。

3. "校通—损"量规(代号 ST)

"校通—损"量规(ST)其作用是防止通规在使用中超过磨损极限,其公差带是从通规的磨损极限起,向轴用通规公差带内分布。

校对量规的尺寸公差 T_P 为工作量规尺寸 T 公差

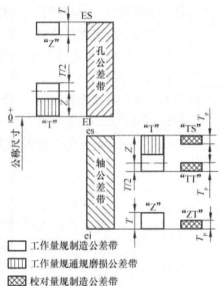

图 6-2　工作量规的公差带分布图

的 50%,校对量规的形状公差应控制在其尺寸公差带内。由于校对量规精度高,制造困难,而且前测量技术又在不断发展,因此在实际生产中逐步用量块或计量仪器代替校对量规。

6.3　工作量规设计

量规设计的任务就是根据工件的要求,设计出能够把工件尺寸控制在其公差范围内的适用的量具。量规设计包括结构型式的选择、结构尺寸的确定、工作尺寸的计算及量规工作图的绘制。

6.3.1　量规的设计原则及其结构

光滑极限量规的设计应符合极限尺寸判断原则(泰勒原则),根据这一原则,通规应设计成全形的,即其测量面应具有与被测孔或轴相应的完整表面,其尺寸应等于被测孔或轴的最大实体尺寸,其长度应与被测孔或轴的配合长度一致,止规应设计成两点式的,其尺寸应等于被测孔或轴的最小实体尺寸。

符合泰勒原则的量规如下:

(1) 通规的测量面应是与孔或轴形状相对应的完整表面(通常称为全形量规),其尺寸等于工件的最大实体尺寸,且长度等于配合长度。

(2) 止规的测量面应是点状的,两测量面之间的尺寸等于工件的最小实体尺寸。

符合泰勒原则的量规检验工件时,如通规能通过,止规不能通过,则该工件合格,反之,则表示工件不合格。

量规的结构型式分为全形规与非全形规。

全形规:测量面应具有与被测件相应的完整表面,其长度理论上也应等于配合件的长度,以使它在检验时能与被测面全部接触,达到控制整个被测表面作用尺寸的目的。

非全形规:量规测量面理论上应制成两点式的,以使它在检验时与被测面成两点式接触,从而控制被测面的局部实际尺寸。

图 6-3 所示为孔的实际轮廓已超出尺寸公差带,应为废品。用全形量规检验时不能通过;而用两点状止规检验,虽然沿 x 方向不能通过,但沿 y 方向却能通过。于是,该孔被正确地判断为废品。反之,若用两点状通规检验,则可能沿 y 方向通过,用全形止规检验,则不能通过。这样,由于量规的测量面形状不符合泰勒原则,从而有可能把该孔误判为合格。

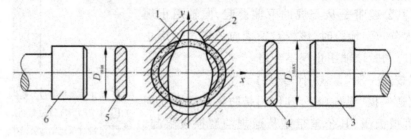

图 6-3　量规型式对检验结果的影响

1—孔公差带;2—工件实际轮廓;3—全形塞规的止规;

4—不完全塞规的止规;5—不完全塞规的通规;6—全形塞规的通规

在量规的实际应用中,由于量规制造和使用方面的原因,要求量规形状完全符合极限尺寸判断原则(泰勒原则)是有一定困难的。因此国家标准规定,在被检验工件的形状误差不影响配合性质的条件下,允许使用偏离泰勒原则的量规。例如,对于尺寸大于 100 mm 的孔,为了不让量规过于笨重,通规很少制成全形轮廓,而通常制成不全形塞规。同样,为了提高检验效率,检验大尺寸轴的通规也很少制成全形环规,而通常使用卡规。此外,全形环规不能检验已装夹在顶尖上的被加工零件以及曲轴零件等。当采用不符合泰勒原则的量规检验工件时,应在工件的多方位上作多次检验,并从工艺上采取措施以限制工件的形状误差。

国家标准推荐了量规型式的应用尺寸范围和使用顺序,如图 6 - 4 所示。

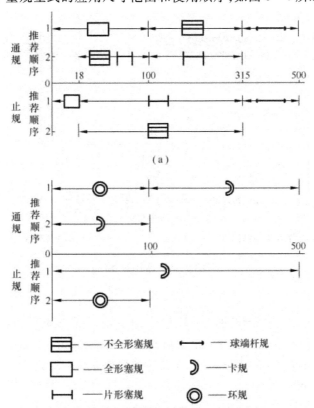

图 6 - 4　量规型式及应用尺寸范围

6.3.2　量规的设计步骤

工作量规的设计步骤一般如下:

(1) 根据被检工件尺寸大小和结构特点等因素选择量规结构形式。

(2) 根据被检工件的基本尺寸和公差等级查出量规的制造公差 T 和位置要素 Z 值,画量规公差带图。

(3) 计算量规工作尺寸的上、下偏差,计算量规工作尺寸。

(4) 确定量规结构尺寸、绘制量规工作图,标注尺寸及技术要求。

量规的结构形式可以参见国家标准《螺纹量规和光滑极限量规 型式和尺寸》(GB/T 12920—2008)及有关资料。常用量规结构型式如图 6 - 5 所示。

6.3.3　量规的技术要求

1. 量规材料

量规测量面的材料与硬度对量规的使用寿命有一定的影响。量规宜采用合金工具钢 (GCr15、CrMnW、CrMoV),碳素工具钢(T10A、T12A),渗碳钢(15 钢、20 钢)及其他耐磨材料 (硬质合金)等材料制造。手柄一般用 Q235 钢、LY11 铝等材料制造。量规测量面硬度为 58 ~ 65 HRC。并应经过稳定性处理。

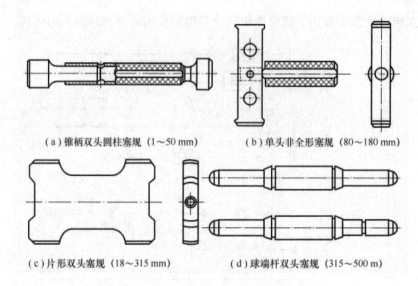

（a）锥柄双头圆柱塞规（1～50 mm）　　　（b）单头非全形塞规（80～180 mm）

（c）片形双头塞规（18～315 mm）　　　（d）球端杆双头塞规（315～500 m）

图 6 - 5　常用量规结构型式

2. 几何公差

国家标准（GB/T 1957—2006）规定了 IT6～IT16 工件的量规公差。量规的形状和位置误差应在其尺寸公差带内。其公差一般为量规制造公差的 50%。考虑到制造和测量的困难，当量规的尺寸公差小于 0.002 mm 时，其几何公差仍取 0.001 mm。

3. 表面粗糙度

量规测量面不应有锈迹、毛刺、黑斑、划痕等明显影响外观和使用质量的缺陷。其他表面不应有锈蚀和裂纹。国家标准（GB/T 1957—2006）规定了量规测量表面的表面粗糙度参数 Ra 值不应大于表 6-3 所示的规定数值。

表 6-3　量规测量表面粗糙度（GB/T 1957—2006）

工 作 量 规	工件公称尺寸/mm		
	< 120	> 120～315	> 315～500
	Ra 最大允许值/ μm		
IT6 级孔用量规	0.025	0.05	0.1
IT6～IT9 级轴用量规	0.05	0.1	0.2
IT7～IT9 级孔用量规			
IT10～IT12 级孔、轴用量规	0.1	0.2	0.4
IT13～TI16 级孔、轴用量规	0.2	0.4	0.4

4. 其他

塞规的测头与手柄的连接应牢固可靠，在使用过程中不应松动。

6.3.4　量规的工作设计计算

量规工作尺寸的计算步骤如下：

（1）查出被检验工件的极限偏差。

（2）查出工作量规的制造公差 T 和位置要素 Z 值,并确定量规的几何公差。

（3）画出工件和量规的公差带图。

（4）计算量规的极限偏差。

（5）计算量规的极限尺寸以及磨损极限尺寸。

（6）按量规的常规形式绘制并标注量规图样。

6.3.5 量规设计应用举例

【例】 设计检验 $\phi30\dfrac{H8}{f7}$ 孔轴用工作量规。

解：

（1）确定被测孔、轴的极限偏差。

查极限与配合标准

$\phi30H8$ 的上极限偏差 $ES = +0.033$ mm,下极限偏差 $EI = 0$；

$\phi30f7$ 的上极限偏差 $es = -0.020$ mm,下极限偏差 $ei = -0.041$ mm。

（2）选择量规的结构型式分别为锥柄双头圆柱塞规和单头双极限圆形片状卡规。

（3）确定工作量规制造公差 T 和位置要素 Z 由表 6 - 2 查得：

塞规:尺寸公差 $T = 0.0034$ mm,位置要素 $Z = 0.005$ mm。

卡规:尺寸公差 $T = 0.0024$ mm,位置要素 $Z = 0.0034$ mm。

（4）计算工作量规的极限偏差。

$\phi30H8$ 孔用塞规。

通规： 上极限偏差 $= EI + Z + \dfrac{T}{2} = \left(0 + 0.005 + \dfrac{0.0034}{2}\right)$ mm $= +0.0067$ mm

下极限偏差 $= EI + Z - \dfrac{T}{2} = \left(0 + 0.005 - \dfrac{0.0034}{2}\right)$ mm $= +0.0033$ mm

磨损极限 $= EI = 0$

所以塞规通端尺寸为 $\phi30^{+0.0067}_{+0.0033}$ mm,磨损极限尺寸为 $\phi30$ mm。

止规： 上极限偏差 $= ES = +0.033$ mm

下极限偏差 $= ES - T = (+0.033 - 0.0034)$ mm $= 0.0296$ mm

所以塞规止端尺寸为 $\phi30^{+0.033}_{+0.0296}$ mm。

$\phi30f7$ 轴用卡规。

通规:上极限偏差 $= es - Z + \dfrac{T}{2} = \left(-0.020 - 0.0034 + \dfrac{0.0024}{2}\right)$ mm $= -0.0222$ mm

下极限偏差 $= es - Z - \dfrac{T}{2} = \left(-0.020 - 0.0034 - \dfrac{0.0024}{2}\right)$ mm $= -0.0246$ mm

磨损极限 $= es = -0.020$ mm

所以卡规通端尺寸为 $30^{-0.0222}_{-0.0246}$ mm,磨损极限尺寸为 29.980 mm。

止规： 上极限偏差 $= ei + T = (-0.041 + 0.0024)$ mm $= -0.0386$ mm

下极限偏差 $= ei = -0.041$ mm

所以卡规止端尺寸为 $30_{-0.041}^{-0.0386}$ mm。

（5）绘制图 6-6 所示的量规工作简图。

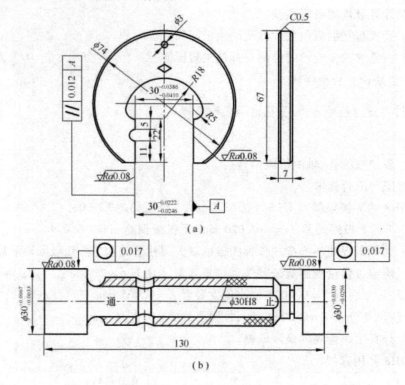

（a）

（b）

图 6-6　φ30H8/f7 量规工作简图

本章小结

本章主要介绍了光滑极限极限量规的基本概念以及设计原则和步骤。掌握量规的作用和设计原则以及设计要求是掌握该部分内容的关键。具体内容如下：

（1）光滑极限量规的作用和种类。

（2）量规公差带的分布。

（3）泰勒原则的含义，符合泰勒原则的量规应具有的要求。

（4）工作量规的设计方法，进行实训。

练习题

6-1　光滑极限量规有什么特点？

6-2　试述光滑极限量规的分类及用途。

6-3　光滑极限量规的设计原则是什么？

6-4　孔、轴用工作量规公差带的布置有何特点？

6-5　试设计 φ25H7/n6 配合的孔、轴工作量规的极限偏差，并画出尺寸公差带图。

第 **7** 章　滚动轴承的公差与配合

学习目标

1. 了解滚动轴承的精度等级。
2. 掌握滚动轴承精度等级的选用。
3. 了解与滚动轴承配合的轴和外壳孔的公差带。
4. 掌握轴和外壳孔与滚动轴承配合的选用。

7.1　滚动轴承的精度等级及其应用

7.1.1　滚动轴承的互换性

滚动轴承是机械制造业中应用广泛的一种标准部件,一般由内圈、外圈、滚动体和保持架组成。图 7-1 所示为向心轴承的装配结构。外圈和外壳孔配合,内圈与传动轴的轴颈配合。

滚动轴承按承受负荷的方向,可分为平底推力球轴承(承受纯轴向负荷)、深沟球轴承(承受径向负荷的向心轴承)和角接触轴承(同时承受径向和轴向负荷的向心推力轴承)。

滚动轴承工作时,要求旋转精度高、运转平稳、噪音小。为了保证其工作性能良好,除了轴承本身的制造精度外,还要正确地选择轴和外壳孔与轴承之间的配合、轴和外壳孔的尺寸精度、形位公差和表面粗糙度等。

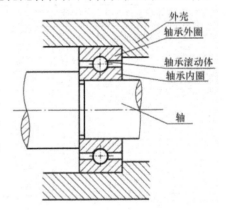

外壳
轴承外圈
轴承滚动体
轴承内圈
轴

7.1.2　滚动轴承的精度等级及选用

滚动轴承的精度是按其外形尺寸公差和旋转精度分级的。外形尺寸公差是指成套轴承的内径、外径和宽度

图 7-1　向心轴承的装配结构

的尺寸公差;旋转精度主要指轴承内、外圈的径向跳动,端面对滚道的跳动和端面对内孔的跳动等。

国家标准(GB/T 307.3—2005)规定向心轴承(圆锥滚子轴承除外)分为 0、6、5、4、2 五级,精度等级依次增高,圆锥滚子轴承精度分为 0、6x、5、4 四级,推力轴承分为 0、6、5、4 四级。

滚动轴承各级精度的应用情况如下:

0级——通常称为普通级。应用最为广泛,用于低、中速及旋转精度要求不高的一般机构。例如,普通机床变速箱及进给箱的轴承,汽车、拖拉机变速器的轴承,普通电动机、水泵、压缩机等旋转机构中的轴承。

6 级——用于转速较高、旋转精度要求较高的机构。例如,普通机床的主轴后轴承,精密机床变速箱的轴承等。

5 级、4 级——用于高速和旋转精度要求高的机构。例如,精密机床的主轴轴承,精密仪器仪表的主要轴承等。

2 级——用于转速很高、旋转精度要求也很高的机构。例如,齿轮磨床、精密坐标镗床的主轴轴承,高精度仪器仪表的主要轴承等。

7.1.3 滚动轴承的内、外径公差带及其特点

滚动轴承的内圈和外圈都是薄壁零件,在制造、保管和使用过程中容易变形,但当轴承内圈与轴、外圈与外壳孔装配后,这种少量的变形会得到一定程度的矫正。因此,国家标准对轴承内、外径分别规定了两种尺寸公差及尺寸的变动量,用以控制配合性质和限制自由状态下的变形量。

对配合性质影响最大的是单一平面平均内(外)径偏差 Δd_{mp}(ΔD_{mp}),即轴承套圈任意横截面内测得的最大直径与最小直径的平均值 d_m(D_m)与公称直径 d(D)的差,必须在极限偏差范围内,因为平均直径是配合时起作用的尺寸。

表 7 - 1 所示为部分向心轴承 Δd_{mp}(ΔD_{mp})的极限值。

表 7 - 1 部分向心轴承 Δd_{mp}(ΔD_{mp})的极限值

精度等级			0		6		5		4		2	
基本直径/mm			极限偏差/ μm									
大于	到		上极限偏差	下极限偏差	上极限偏差	下极限偏差	上极限偏差	下极限偏差	上极限偏差	下极限偏差	上极限偏差	下极限偏差
内圈	10	18	0	− 8	0	− 7	0	− 5	0	− 4	0	− 2.5
	18	30	0	− 10	0	− 8	0	− 6	0	− 5	0	− 2.5
	30	50	0	− 12	0	− 10	0	− 8	0	− 6	0	− 2.5
外圈	30	50	0	− 11	0	− 9	0	− 7	0	− 6	0	− 4
	50	80	0	− 13	0	− 11	0	− 9	0	− 7	0	− 4
	80	120	0	− 15	0	− 13	0	− 10	0	− 8	0	− 5

滚动轴承是标准件,为保证其互换性,轴承内圈与轴采用基孔制配合,外圈与外壳孔采用基轴制配合。标准中规定的轴承外圈单一平面平均直径 D_{mp} 公差的上偏差为零,与一般基轴制相同,如图 7 - 2 所示。而单一平面平均内径 d_{mp} 公差带的上偏差为零,和一般基孔制的规定不同。主要原因是考虑到轴承配合的特殊需要。在多数情况下,轴承内圈随着轴一起转动,两者配合必须有一定的过盈量,但过盈量又不宜过大,以保证拆卸方便。d_{mp} 公差带在零线下方,当其与 k、m、n 等轴配合时,将获得比一般过盈配合规定的过盈量稍大的过盈配合,当其与 g、h 等轴配合时不再是间隙配合,而成为过渡配合。

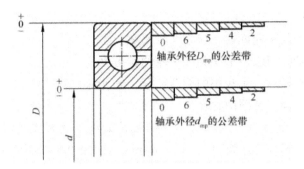

图 7 - 2　轴承单一平面平均内、外径的公差带

7.2　轴和外壳孔与滚动轴承的配合

7.2.1　轴和外壳孔的公差带

国家标准（GB/T 275—1993）对与 0 级和 6 级轴承配合的轴规定了 17 种公差带，对外壳孔规定了 16 种公差带，如图 7 - 3 所示。

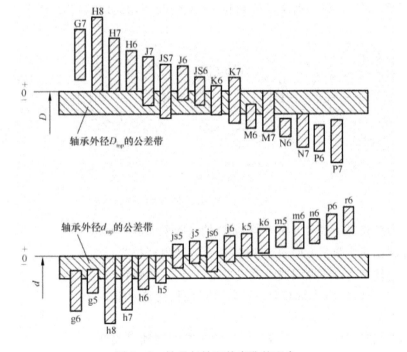

图 7 - 3　轴承与轴和外壳孔的配合

7.2.2　轴和外壳孔与滚动轴承配合的选用

正确选择轴承的配合，对保证机器正常运转、提高轴承使用寿命、充分发挥其承载能力关系很大，选择时主要考虑下列因素。

1. 载荷类型

作用在轴承上的径向载荷一般有两种情况：

（1）定向载荷，例如，带的拉力或齿轮的作用力。

（2）由定向载荷和一个较小的旋转载荷合成，例如，离心力。

载荷的作用方向与套圈间存在以下三种关系：

（1）套圈相对于载荷方向固定。径向载荷始终作用在套圈滚道的局部区域上。例如图 7-4(a)所示的固定的外圈和图 7-4(b)所示的固定的内圈均受到一个方向一定的径向载荷 F_0 的作用。

（2）套圈相对于载荷方向旋转。径向载荷相对于套圈旋转，并依次作用在套圈的整个圆周滚道上。例如图 7-4(a)所示的内圈和图 7-4(b)所示的外圈均受到一个作用位置依次改变的径向载荷 F_0 的作用。

（3）套圈相对于载荷方向摆动。大小和方向按一定规律变化的径向载荷作用在套圈的部分滚道上，套圈会相对于载荷方向摆动。例如图 7-5 所示的轴承受到定向载荷 F_r 和较小旋转载荷 F_1 的同时作用，两者的合成载荷 F 将以由小到大、再由大到小的周期变化，在 AB 区域内摆动，此时固定套圈[图 7-4(c)所示的外圈和图 7-4(d)所示的内圈]相对于载荷方向摆动，旋转套圈[图 7-4(c)所示的内圈和图 7-4(d)所示的外圈]相对于载荷方向旋转。

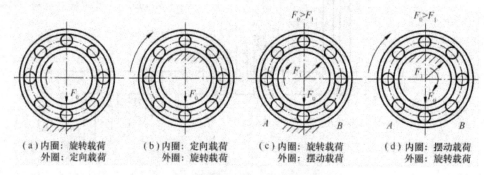

(a) 内圈：旋转载荷　　(b) 内圈：定向载荷　　(c) 内圈：旋转载荷　　(d) 内圈：摆动载荷
　　　外圈：定向载荷　　　　外圈：旋转载荷　　　　外圈：摆动载荷　　　　外圈：旋转载荷

图 7-4　轴承套圈承受的载荷类型

轴承套圈相对于载荷方向不同，配合的松紧程度也应不同。

当套圈相对于载荷方向固定时，其配合应选得稍松些，让套圈在振动或冲击下被滚道间的摩擦力矩带动，产生缓慢转位，使磨损均匀，提高轴承的使用寿命。一般选过渡配合或具有极小间隙的间隙配合。

当套圈相对于载荷方向旋转时，为防止套圈在轴颈或外壳孔的配合表面打滑，引起配合表面发热、磨损，配合应选得紧些，一般选过盈量较小的过盈配合或具有一定过盈量的过渡配合。

当套圈相对于载荷方向摆动时，其配合的松紧程度一般与相对于载荷方向旋转时相同或稍松些。

2. 载荷大小

载荷大小可用径向载荷 F_r 与额定动载荷 C_r 的比值来区

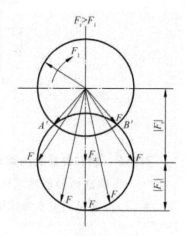

图 7-5　摆动载荷

分,国家标准(GB/T 275—1993)将 $F_r \leqslant 0.07C_r$ 时称为轻载荷,$0.07C_r < F_r \leqslant 0.15C_r$ 时称为正常载荷,$F_r > 0.15C_r$ 时称为重载荷。额定动载荷 C_r 可从轴承手册中查到,F_r 的计算在"机械设计"课程中作出了详细介绍。轴承在重载荷和冲击载荷作用下,套圈容易产生变形,使配合面受力不均匀,引起配合松动。因此,载荷越大,过盈量应选得越大;承受冲击载荷应比承受平稳载荷选用较紧的配合。

3. 其他因素

轴承运转时,由于摩擦发热和散热条件不同等原因,轴承套圈的温度往往高于与其配合的零件温度。这样,内圈与轴的配合可能松动,外圈与孔的配合可能变紧。因此在选择配合时,必须考虑轴承工作温度的影响。

为了考虑轴承安装与拆卸的方便,宜采用较松的配合,重型机械使用的大型或特大型轴承尤为重要。如果既要求装拆方便又需要紧配合时,可采用分离型轴承,或采用内圈带锥孔、带紧定套和退卸套的轴承。

选用轴承配合时,还应考虑旋转精度、旋转速度、轴和外壳孔的结构与材料等因素。

综上所述,影响滚动轴承配合选用的因素较多,通常难以用计算法确定,因此在实际生产中常用类比法。表 7-2 和表 7-3 所示为国家标准推荐的安装向心轴承和角接触轴承的轴和外壳孔的公差带的应用情况,供选用时参考。

表 7-2　向心轴承和轴的配合 轴公差带代号(摘自 GB/T 275—1993)

圆柱孔轴承					
运转状态		载荷状态	深沟球轴承、调心球轴承和角接触球轴承	圆柱滚子轴承和圆锥滚子轴承	调心滚子轴承	公差带
说明	举例		轴承公称内径/mm			
旋转的内圈载荷及摆动载荷	一般通用机械、电动机、机床主轴、泵、内燃机、直齿轮传动装置、铁路机车车辆轴箱、破碎机等	轻载荷	≤18	—	—	h5
			>18~100	≤40	≤40	j6[①]
			>100~200	>40~140	>40~100	k6[①]
			—	>140~200	>100~200	m6[①]
		正常载荷	≤18	—	—	j5、js5
			>18~100	≤40	≤40	k5[②]
			>100~140	>40~100	>40~65	m5[②]
			>140~200	>100~140	>65~100	m6
			>200~280	>140~200	>100~140	n6
			—	>200~400	>140~280	p6
			—	—	>280~500	r6
		重载荷		>50~140	>50~100	n6
				>140~200	>100~140	p6[③]
				>200	>140~200	r6
				—	>200	r7

续表

圆柱孔轴承						
运转状态		载荷状态	深沟球轴承、调心球轴承和角接触球轴承	圆柱滚子轴承和圆锥滚子轴承	调心滚子轴承	公差带
说明	举例		轴承公称内径/mm			
固定的内圈载荷	静止轴上的各种轮子、张紧轮绳轮、振动筛、惯性振动器	所有载荷	所有尺寸			f6 g6① h6 j6
		仅有轴向载荷	所有尺寸			j6、js6
圆锥孔轴承						
铁路机车车辆箱		所有载荷	装在退卸套上的所有尺寸			h8(IT6)④⑤
一般机械传动			装在紧定套上的所有尺寸			h9(IT7)④⑤

① 凡对精度有较高要求的场合，应用 j5、k5、…代替 j6、k6、…。

② 圆锥滚子轴承、角接触球轴承配合对游隙影响不大，可用 k6、m6 代替 k5、m5。

③ 重载荷下轴承游隙应选大于 0 组。

④ 凡有较高精度或转速要求较高的场合，应选用 h7(IT5)、h8(IT6)等。

⑤ IT6、IT7 表示圆柱度公差数值。

表 7-3　向心轴承和外壳的配合 孔公差带代号(摘自 GB/T 275—1993)

运转状态		载荷状态	其他状况	公差带①	
说明	举例			球轴承	滚子轴承
固定的外圈载荷	一般机械、铁路机车车辆轴箱、电动机、泵、曲轴主轴承	轻、正常、重	轴向易移动，可采用剖分式外壳	H7、G7	
		冲击	轴向能移动，可采用整体或剖分式外壳	J7、JS7	
摆动载荷		轻、正常			
		正常、重	轴向不移动，采用整体式外壳	K7	
		冲击		M7	
旋转的外圈载荷	张紧滑轮、轮毂轴承	轻		J7	K7
		正常		K7、M7	M7、N7
		重		—	N7、P7

①并列公差带随尺寸的增大从左至右选择，对旋转精度有较高要求，可相应提高一个公差等级。

7.2.3　配合表面的其他技术要求

国家标准(GB/T 275—1993)规定了与轴承配合的轴颈和外壳孔表面的圆柱度公差、轴肩及外壳孔端面的端面圆跳动公差、各表面的粗糙度要求等，如表 7-4 和表 7-5 所示。

表 7 - 4　轴和外壳的几何公差

公称尺寸/mm		圆柱度 t				端面圆跳动 t_1			
		轴颈		外壳孔		轴肩		外壳孔肩	
		轴承公差等级							
		0	6(6x)	0	6(6x)	0	6(6x)	0	6(6x)
大于	至	公差值/ μm							
6	6	2.5	1.5	4	2.5	5	3	8	5
10	10	2.5	1.5	4	2.5	6	4	10	6
	18	3.0	2.0	5	3.0	8	5	12	8
18	30	4.0	2.5	6	4.0	10	6	15	10
30	50	4.0	2.5	7	4.0	12	8	20	12
50	80	5.0	3.0	8	5.0	15	10	25	15
80	120	6.0	4.0	10	6.0	15	10	25	15
120	180	8.0	5.0	12	8.0	20	12	30	20
180	250	10.0	7.0	14	10.0	20	12	30	20
250	315	12.0	8.0	16	12.0	25	15	40	25
315	400	13.0	9.0	18	13.0	25	15	40	25
400	500	15.0	10.0	20	15.0	25	15	40	25

表 7 - 5　配合面的表面粗糙度

轴或轴承座直径 /mm		轴或外壳配合表面直径公差等级								
		IT7			IT6			IT5		
		表面粗糙度								
大于	至	Rz	Ra		Rz	Ra		Rz	Ra	
			磨	车		磨	车		磨	车
80	80	10	1.6	3.2	6.3	0.8	1.6	4	0.4	0.8
	500	16	1.6	3.2	10	1.6	3.2	6.3	0.8	1.6
端面		25	3.2	6.3	25	3.2	6.3	10	1.6	3.2

本章小结

1. 滚动轴承的尺寸精度是指内、外径、宽度等尺寸公差,几何公差。

2. 轴承的工作性能与寿命不仅与其精度有关,而且与安装相配合的孔、轴颈的尺寸精度、几何精度及表面粗糙度有关。

3. 轴承内圈与轴配合采用基孔制;外圈与外壳孔采用基轴制,由于轴承内、外径上偏差为零,所以与轴配合较紧,与外壳配合较松,从而保证内、外圈工作不"爬行"。

4. 轴承所受负荷分为局部、循环、摆动负荷,由负荷类型和大小选择轴承的配合。

练习题

7 - 1　滚动轴承的精度有哪些等级?哪个等级应用最广泛?

7 - 2　滚动轴承与轴、外壳孔配合,采用何种基准制?

7 - 3　滚动轴承内、外径公差带布置有何特点?

7 - 4　选择轴承与轴、外壳孔配合时主要考虑哪些因素?

第 **8** 章　螺纹、键、花键、圆锥结合的公差

学习目标

1. 了解螺纹的几何参数及其对螺纹互换性的影响。
2. 掌握普通螺纹的检测方法。
3. 掌握平键及花键连接的特点和结构参数。
4. 掌握矩形花键小径定心的优点；内、外花键和花键副的标记含义、检验方法。

8.1　螺纹结合的公差配合及检测

8.1.1　螺纹及几何参数特性

1. 螺纹种类及使用要求

螺纹连接在机械制造中广泛使用，按照其用途可分为连接螺纹和传动螺纹。

（1）连接螺纹：也称可紧固螺纹，其基本牙型是三角形。用于连接或紧固零件，例如，普通螺纹和管螺纹等。对普通螺纹连接的主要要求是可旋入性和连接的可靠性，对管螺纹连接的要求是密封性可连接的可靠性。

（2）传动螺纹：用于传递动力或运动，其基本牙型主要有梯形、矩形，例如，丝杠螺杆等。对传动螺纹主要要求是传动准确、可靠，螺纹连接性能好、耐磨性好。

本节主要讨论普通螺纹的互换性。

2. 普通螺纹基本几何参数

普通螺纹基本牙型是截取高度为 H 的原始正三角形的顶部和底部所形成的螺纹牙型，如图 8-1 所示。

下面从普通螺纹互换性的角度介绍几个主要几何参数。

（1）大径（D 或 d）：与内螺纹牙底或外螺纹牙顶相重合的假想圆柱体的直径。普通螺纹大径的公称尺寸即螺纹公称直径。内螺纹大径用 D 表示，外螺纹大径用 d 表示。

（2）小径（D_1 或 d_1）：与内螺纹牙顶或外螺纹牙底相重合的假想圆柱体的直径。内螺纹小径用 D_1 表示，外螺纹小径用 d_1 表示。

工程实际中人们习惯于将外螺纹牙顶 d 和内螺纹牙顶 D_1 称为顶径。将内螺纹牙底 D 和外螺纹牙底 d_1 称为底径。

（3）中径（D_2 或 d_2）：一个假想圆柱体的直径，该圆柱体的母线通过牙型上沟槽和凸起宽

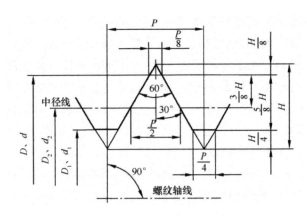

图 8 – 1　普通螺纹基本牙型

度相等的地方。内螺纹中径用 D_2 表示,外螺纹中径用 d_2 表示。中径圆柱的轴线称为螺纹轴线,中径圆柱的素线称为螺纹中径线。

对于普通螺纹,中径并不等于大径与小径的平均值,对单线和奇数多线螺纹,在螺纹的轴向剖面内,螺纹的沟槽和凸起是相对的,沿垂直于直线方向上量得的任意两对牙侧间的距离即等于螺纹中径。

(4)单一中径:一个假想圆柱体的直径,该圆柱体的母线在牙槽宽度等于基本螺距一半即 $P/2$ 的地方,而不考虑牙体宽度,如图 8 – 2 所示。当螺距无误差时,中径就是单一中径,当螺距有误差时,则两者不相等。单一中径测量简便,可用三针法测得,通常把单一中径近似看做实际中径。

(5)螺距 P 与导程 Ph。螺距 P 是指相邻两牙在中径线上对应两点间的轴向距离。导程 Ph 指同一螺旋线上相邻两牙在中径线上对应两点间的轴向距离。对单线螺纹,导程即是螺距;对多线螺纹,导程是螺距与螺纹线数的乘积。

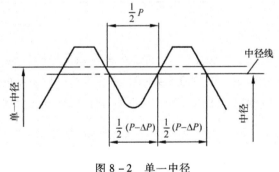

图 8 – 2　单一中径

P—基本螺距;ΔP—螺距误差

(6)牙型角 α 和牙型半角 $\alpha/2$。牙型角 α 是在螺纹牙型上,相邻两牙侧间的夹角。普通螺纹牙型角 $\alpha = 60°$。牙型半角 $\alpha/2$ 即牙型角的一半,指在螺纹牙型上,牙侧与螺纹轴线的垂线间的夹角。

(7)螺纹旋合长度 L:两个相配合的螺纹相互旋合部分沿螺纹轴线方向上的长度。

3. 螺纹几何参数对互换性的影响

螺纹连接的互换性要求,是指装配过程的可旋合性以及使用过程中连接的可靠性。影响螺纹互换性的几何参数有五个,即螺纹大径、中径、小径、螺距和牙型半角。

普通螺纹旋合后大径和小径处均留有间隙,相接触的部分是侧面,为了保证螺纹的良好旋入性,内螺纹大径和小径必须分别大于外螺纹的大径和小径,但内螺纹的小径过大,外螺纹的大径过小,将会减小螺纹的接触高度,影响连接的可靠性,所以必须规定内螺纹的小径和外螺纹的大径的上、下极限偏差,也就是说对内外螺纹顶径规定上、下极限偏差。而增大内螺纹大径,减小外螺纹小径即有利于螺纹可旋入性,又不减小螺纹的接触高度,所以,只对内螺纹大径规定下偏差,对外螺纹小径规定上极限偏差,也就是说对内外螺纹底径只规定一个极限偏差。对外螺纹牙底提出形状要求,以使牙顶与牙底留有间隙,满足力学性能的要求。

下面介绍影响螺纹互换性的三个主要参数即螺距、牙型半角和中径。

1)螺距误差对互换性的影响

对于紧固螺纹来说,螺距误差主要影响螺纹的可旋合性和连接的可靠性;对传动螺纹来说,螺距误差直接影响传动精度,影响螺牙上负荷分布的均匀性。

螺距误差包括局部误差和累积误差,前者与旋合长度无关,后者与旋合长度有关。

为了讨论问题方便,假设内螺纹具有理想牙型,外螺纹的中径及牙型半角与内螺纹相同,仅存在螺距误差,并假设外螺纹的螺距比内螺纹的大。假设在 n 个螺牙长度上,外螺纹有螺距累积误差 ΔP_Σ,显然,这一对螺纹因产生干涉是无法旋合的,如图 8 – 3 所示。

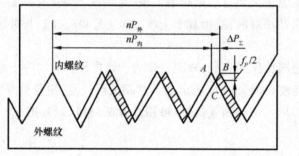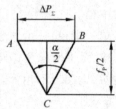

图 8 – 3　螺距误差

在实际生产中,为了使有累积误差的外螺纹可旋入标准的内螺纹,在制造时,把外螺纹中径减小一个数值 f_p;同理,为了使有累积误差的内螺纹可旋入标准的外螺纹,在制造时,把内螺纹中径加大一个数值 f_p。这个 f_p 的数值就叫螺距误差的中径补偿值。

从 $\triangle ABC$ 中得出,$f_p = \Delta P_\Sigma \cot \dfrac{\alpha}{2}$

对于普通螺纹,其牙型角 $\alpha = 60°$,则 $f_p = 1.732 \left| \Delta P_\Sigma \right|$

2)牙型半角误差对互换性的影响

牙型半角误差的情况可能是实际牙型半角 $\dfrac{\alpha_{实际}}{2} \neq$ 公称牙型半角 $\dfrac{\alpha_{公称}}{2}$,但是实际牙型半角的两个半角是相等的,或者是牙型半角的平分线不垂直于螺纹轴线,也可能是以上两个因素共同造成的。

当牙型半角存在误差时,内外螺纹的牙侧会发生干涉导致不能旋合。为了使有半角误差的外螺纹能够旋入内螺纹,必须把外螺纹的中径减小一个数值 $f_{\frac{\alpha}{2}}$,同样,当内螺纹的牙型半角有误差时,为了保证可旋合性,必须把内螺纹的中径加大一个数值 $f_{\frac{\alpha}{2}}$,这个 $f_{\frac{\alpha}{2}}$ 的数值就叫半角误差的中径补偿值。

3）作用中径及中径误差对互换性的影响

螺纹中径也会存在制造误差,当外螺纹中径比内螺纹中径大,就会影响螺纹的旋合性,反之,则使配合过松而影响螺纹连接的可靠性和紧密性,因此,对中径误差必须加以限制。

根据前面的分析,当外螺纹有了螺距误差及牙型半角误差时,只能与一个中径较大的内螺纹旋合,其效果就相当于外螺纹的中径增大了。这个增大了的假想中径叫做外螺纹的作用中径(d_{2m}),它等于外螺纹的实际中径与螺距误差及牙型半角误差的中径补偿值之和,即

$$d_{2m} = d_{2a} + (f_p + f_{\frac{\alpha}{2}})$$

同样,当内螺纹有了螺距误差及牙型半角误差时,只能与一个中径较小的外螺纹旋合,其效果就相当于内螺纹的中径减小了。这个减小了的假想中径叫做内螺纹的作用中径(D_{2m}),它等于内螺纹的实际中径与螺距误差及牙型半角误差的中径补偿值之差,即

$$D_{2m} = D_{2a} - (f_p + f_{\frac{\alpha}{2}})$$

对于普通螺纹,没有单独规定误差及牙型半角的公差,只规定了一个中径公差(T_{D2}、T_{d2}),如图 8 - 4 所示。

中径公差是衡量螺纹互换性的主要指标。判断螺纹中径合格性遵循泰勒原则,即实际螺纹的作用中径不能超出最大实体牙型的中径,而实际螺纹上任何部位的单一中径不能超出最小实体牙型的中径。

对外螺纹:作用中径不大于中径最大极限尺寸,单一中径不小于中径最小极限尺寸,即

$$d_{2m} \leqslant d_{2\max}, d_{2单一} \geqslant d_{2\min}$$

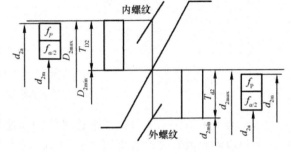

图 8 - 4　螺纹公差带

对内螺纹:作用中径不小于中径最小极限尺寸,单一中径不大于中径最大极限尺寸,即

$$D_{2m} \geqslant D_{2\min}, D_{2单一} \leqslant D_{2\max}$$

有些测量方法如工具显微镜,测得的是螺纹的实际中径,在此情况下,可用实际中径近似代替单一中径。

8.1.2　普通螺纹公差与配合

螺纹配合由内、外螺纹公差带组合而成,国家标准《普通螺纹公差》(GB/T 197—2003)将普通螺纹公差带的两个要素——公差带大小即公差等级和公差带位置即基本偏差进行标准化,组成各种螺纹公差带。考虑到旋合长度对螺纹精度的影响,由螺纹公差带与旋合长度构成螺纹精度,形成了较为完整的螺纹公差体系。

1. 普通螺纹的基本偏差——公差带位置

国家标准(GB/T 197—2003)要求按下面规定选取内外螺纹的公差带位置,如图 8 - 5 所示。

内螺纹:G—其基本偏差 EI 为正值,如图 8 - 5(a)所示。

　　　　H—其基本偏差 EI 为零,如图 8 - 5(b)所示。

外螺纹:e、f、g—其基本偏差 es 为负值,如图 8 - 5(c)所示。

　　　　h—其基本偏差 es 为零,如图 8 - 5(d)所示。

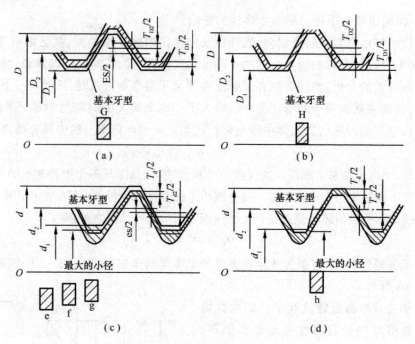

图 8 - 5　内外螺纹的公差带位置

T_{D1}—内螺纹小径公差；T_{D2}—内螺纹中径公差；

T_d—外螺纹大径公差；T_{d2}—外螺纹中径公差

选择基本偏差主要依据螺纹表面涂镀层厚度及螺纹件的装配间隙。螺距 $P = 0.2 \sim 1$ mm 之间螺纹的基本偏差数值如表 8 - 1 所示。

表 8 - 1　内外螺纹基本偏差　　　　　　　　　　（单位：μm）

螺距 P/mm	基本偏差					
	内螺纹		外螺纹			
	G (EI)	H (EI)	e (es)	f (es)	g (es)	h (es)
0.2	+17	0	—	—	-17	0
0.25	+18	0	—	—	-18	0
0.3	+18	0	—	—	-18	0
0.35	+19	0	—	-34	-19	0
0.4	+18	0	—	-34	-19	0
0.45	+20	0	—	-35	-20	0
0.5	+20	0	-50	-36	-20	0
0.6	+21	0	-53	-36	-21	0
0.7	+22	0	-56	-38	-22	0
0.75	+22	0	-56	-38	-22	0
0.8	+24	0	-60	-38	-24	0
1	+26	0	-60	-40	-26	0

2. 普通螺纹的公差等级

国家标准(GB/T 197—2003)要求,要按表 8-2 所示的规定粗值选取内、外螺纹的公差等级。

表 8-2　普通螺纹的公差等级

螺纹直径	公差等级	螺纹直径	公差等级
内螺纹小径 D_1	4、5、6、7、8	外螺纹大径 d	4、6、8
内螺纹中径 D_2	4、5、6、7、8	外螺纹中径 d_2	3、4、5、6、7、8、9

其中 3 级精度最高,9 级精度最低,6 级为基本级。因为内螺纹较难加工,在同一公差等级中,内螺纹中径公差比外螺纹中径公差大 32%。

从表中可以看出,对内螺纹大径 D 和外螺纹小径 d_1 没有规定具体公差等级。而标准规定了对内外螺纹牙底实际轮廓不得超过按基本偏差所确定的最大实体牙型,就可以保证旋合时不发生干涉。内外螺纹公差数值如表 8-3 和表 8-4 所示。

表 8-3　内螺纹的小径公差和外螺纹的大径公差　　　　　　　　(单位:μm)

螺距 P /mm	内螺纹的小径公差 T_m					外螺纹的大径公差 T_d		
	公差等级					公差等级		
	4	5	6	7	8	4	6	8
0.5	90	112	140	180	—	67	106	—
0.6	100	125	160	200	—	80	125	—
0.7	112	140	180	224	—	90	140	—
0.75	118	150	190	236	—	90	140	—
0.8	125	160	200	250	315	95	150	236
1	150	190	236	300	375	112	180	280
125	170	212	265	335	425	132	212	335
1.5	190	236	300	375	475	150	236	375
1.75	212	265	335	425	530	170	265	425
2	236	300	375	475	600	180	280	450
2.5	280	355	450	560	710	212	335	530
3	315	400	500	630	800	236	375	600

表 8-4　内外螺纹的中径公差　　　　　　　　(单位:μm)

基本大径 D、d/mm		螺距 P_{D2}/mm	内螺纹的中经公差 T_{D2}					外螺纹的中径公差 T_{d2}						
			公差等级					公差等级						
>	≤		4	5	6	7	8	3	4	5	6	7	8	9
5.6	11.2	0.75	85	106	132	170	—	50	63	80	100	125	—	—
		1	95	118	150	190	236	56	71	90	112	140	180	224
		1.25	100	125	160	200	250	60	75	95	118	150	190	236
		1.5	112	140	180	224	280	67	85	106	132	170	212	265

续表

基本大径 D、d/mm		螺距 P_{D2}/mm	内螺纹的中径公差 T_{D2}					外螺纹的中径公差 T_{d2}						
			公差等级					公差等级						
>	≤		4	5	6	7	8	3	4	5	6	7	8	9
11.2	22.4	1	100	125	160	200	250	60	75	95	118	150	190	236
		1.25	112	140	180	224	280	67	85	106	132	170	212	265
		1.5	118	150	190	236	300	71	90	112	140	180	224	280
		1.75	125	160	200	250	315	75	95	118	150	190	236	300
		2	132	170	212	265	335	80	100	125	160	200	250	315
		2.5	140	180	224	280	355	85	106	132	170	212	265	335
22.4	45	1	106	132	170	212	—	63	80	100	125	160	200	250
		1.5	125	160	200	250	315	75	95	118	150	190	236	300
		2	140	180	224	280	355	85	106	132	170	212	265	335
		3	170	212	265	335	425	100	125	160	200	250	315	400
		3.5	180	224	280	355	450	106	132	170	212	265	335	425
		5	190	236	300	375	475	112	140	180	224	280	355	450
		4.5	200	250	315	400	500	118	150	190	236	300	375	475

3. 普通螺纹旋合长度和螺纹精度

螺纹的旋合长度分为三组，其特点如图 8 - 6 所示。

图 8 - 6　螺纹旋合长度

一般情况下，采用中等旋合长度。集中生产的紧固件螺纹，图样上没有注明旋合长度，制造时螺纹公差均按照中等旋合长度考虑。各组旋合长度范围如表 8 - 5 所示。

表 8 - 5　螺纹的旋合长度　　　　　　　　　　（单位：mm）

基本大径 D、d/mm		螺距 P	旋合长度			
			S	N		L
>	≤		≤	>	≤	>
5.6	11.2	0.75	2.4	2.4	7.1	7.1
		1	3	3	9	9
		1.25	4	4	12	12
		1.5	5	5	15	15

基本大径 D、d/mm		螺距 P	旋合长度			
			S		N	L
>	≤		≤	>	≤	>
11.2	22.4	1	3.8	3.8	11	11
		1.25	4.5	4.5	13	13
		1.5	5.6	5.6	16	16
		1.75	6	6	18	18
		2	8	8	24	24
		2.5	10	10	30	30
22.4	45	1	4	4	12	12
		1.5	6.3	6.3	19	19
		2	8.5	8.5	25	25
		3	12	12	36	36
		3.5	15	15	45	45
		5	18	18	53	53
		4.5	21	21	63	63

根据使用场合,螺纹的公差精度等级分为三级:

(1)精密——用于精密螺纹。

(2)中等——用于一般用途螺纹。

(3)粗糙——用于制造螺纹有困难的场合。例如,在热轧棒料上加工螺纹,在深不通孔内加工螺纹。

4. 螺纹公差带组合及选用原则

内外螺纹的推荐公差带如表 8-6 和表 8-7 所示。除特殊情况外,表中以外的其他公差带不宜选用。表中内螺纹公差带与外螺纹公差带可以形成任意组合,但为了保证内外螺纹间有足够的接触高度,推荐加工后的螺纹零件宜优先组成 H/g、H/h 和 G/h 配合。对公称直径小于 1.4 mm 的螺纹,应选用 5H/6h、4H/6h 或更精密的配合。

公差带优先选用的顺序为粗字体公差带、一般字体公差带、括号内公差带。带方框的粗字体公差带用于大量生产的紧固件螺纹。

如果没有其他特殊说明,推荐公差带适用于涂镀前螺纹,且为薄涂镀层的螺纹,例如,电镀螺纹。涂镀后,螺纹实际轮廓上的任何点不应超越按公差位置 H 或 h 所确定的最大实体牙型。

表 8-6　内螺纹的推荐公差带

公差精度	公差带位置 G			公差带位置 H		
	S	N	L	S	N	L
精密	—	—	—	4H	5H	6H
中等	(5G)	6G	(7G)	5H	6H	7H
粗糙	—	(7G)	(8G)	—	7H	8H

表 8 – 7　外螺纹的推荐公差带

公差精度	公差带位置 e			公差带位置 f			公差带位置 g			公差带位置 h		
	S	N	L	S	N	L	S	N	L	S	N	L
精密	—	—	—	—	—	—	—	(4g)	(5g4g)	(3h4h)	4h	)5h4h)
中等	—	6e	(7e6e)	—	6f	—	(5g6g)	6g	(7g6g)	(5h6h)	6h	(7h6h)
粗糙	—	(8e)	(9e8e)	—	—	—	—	8g	(9g8g)	—	—	—

8.1.3　普通螺纹标注

完整的螺纹标注有螺纹特征代号、尺寸代号、公差带代号及其他必要的说明信息,如图 8 – 7 所示。

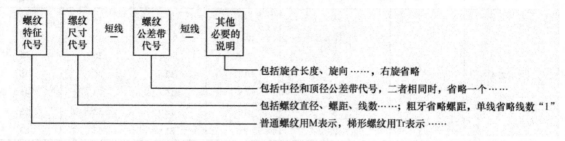

图 8 – 7　螺纹标注说明

螺纹具体的标注方法说明如下:

(1) 普通螺纹特征代号用 M 表示;单线螺纹的尺寸代号为"公称直径×螺距",公称直径和螺距数值的单位为 mm。为粗牙普通螺纹省略"螺距"项。

例如:公称直径为 8 mm,螺距为 1 mm 的单线细牙螺纹,标记为 M8×1。

公称直径为 8 mm,螺距为 1.25 mm 的单线粗牙螺纹,标记为 M8。

多线螺纹的尺寸代号为"公称直径×ph(导程)P(螺距)",公称直径、导程和螺距数值的单位为 mm。如果要进一步表明螺纹线数,在后面增加括号说明(使用英文进行说明如双线为 two starts;三线为 three starts;四线为 four starts)。

例如:公称直径为 16 mm,螺距为 1.5 mm、导程为 3 mm 的双线螺纹,标记为 M16×Ph3P1.5 或 M16×Ph3P1.5(two stars)。

(2) 公差带代号包含中径公差带代号和顶径公差代号,中径公差带代号在前,顶径公差带代号在后。各直径的公差带代号由表示公差等级的数值和表示公差带位置的字母(内螺纹用大写字母,外螺纹用小写字母)组成。如果中径公差带代号和顶径公差带代号相同,则只标注一个公差带代号。螺纹尺寸代号与公差带间用"-"分开。

例如:中径公差带为 5g、顶径公差为 6g 的外螺纹,标记为 M10×1 – 5g6g。

中径公差带和顶径公差为 6g 的粗牙外螺纹,标记为 M10 – 6g。

中径公差带为 5H、顶径公差为 6H 的内螺纹,标记为 M10×1 – 5H6H。

中径公差带和顶径公差为 6H 的粗牙内螺纹,标记为 M10 – 6H。

在下列情况下,中等公差精度螺纹不标注其公差带代号。

内螺纹:5H　公称直径≤1.4 mm 时;

6H 公称直径≥1.6 mm 时。

外螺纹:6h 公称直径≤1.4 mm 时;

6g 公称直径≥1.6 mm 时。

例如:中径公差带和顶径公差带为 6g、中等公差精度的粗牙外螺纹标记为 M10。

中径公差带和顶径公差带为 6H、中等公差精度的粗牙内螺纹标记为 M10。

(3)装配图样上表示内、外螺纹配合时,内螺纹公差带代号在前,外螺纹公差带代号在后,中间用斜线分开。

例如:公称直径为 20 mm,螺距为 2 mm,公差带为 6H 的内螺纹与公差带为 5g6g 的外螺纹组成配合,标注为 M20 × 2 – 6H/5g6g。

公称直径为 6 mm,粗牙,公差带为 6H 的内螺纹与公差带为 6g 的外螺纹组成配合(中等公差精度等级),标注为 M6。

(4)螺纹的旋合长度为旋向的标注。对短旋合长度组和长旋合长度组的螺纹,在公差带代号后分别标注"S"和"L"代号。旋合长度代号与公差带间用"-"号分隔。中等旋合长度组的螺纹不标注旋合长度代号"N"。

例如:公称直径为 20 mm,短旋合长度内螺纹 M20 × 2 – 5H – S。

公称直径为 6 mm,长旋合长度内、外螺纹 M6 – 7H/7g6g – L。

公称直径为 6 mm,中等旋合长度的外螺纹(中等精度的 6g 公差带,粗牙)M6。

(5)左旋螺纹,应在旋合长度代号之后标注"LH"。旋合长度代号与旋向代号用"—"号分隔,右旋螺纹不标注旋向。

例如:左旋螺纹 M8 × 1 – LH(公差带代号和旋合长度代号被省略);

M6 × 0.75 – 5h6h – S – LH。

M14 × Ph6P2 – 7H – L – LH。

右旋螺纹 M6(螺距、公差带代号、旋合长度代号和旋向代号被省略)。

在图样上标注螺纹应标在螺纹的大径尺寸线上。

8.1.4 螺纹的测量

螺纹的测量方法分为综合测量和单项测量。

1. 综合测量

用螺纹量规检验螺纹是否合格属于综合测量。在成批生产中,普通螺纹均采用综合测量法。

螺纹量规分为塞规和环规(或称卡规)。塞规用于检验内检验内螺纹,环规用于检验外螺纹。检验时,通端螺纹环规(通规)能顺利与螺纹工件旋合,而止端螺纹环规(止规)不能旋合或不完全旋合,则螺纹合格。反之,则说明内螺纹过小,外螺纹过大,螺纹应予以退修。当止规与工件能旋合,则表示内螺纹过大,外螺纹过小,螺纹是废品。

图 8 – 8 所示为用螺纹环规检验的外螺纹情况,通规检验外螺纹的作用中径,同时控制外螺纹小径的最大极限尺寸。止规检验外螺纹的单一中径。外螺纹大径则用光滑极限量规检验。

图 8 – 9 所示为用螺纹塞规检验内螺纹的怀况。通规检验内螺纹的作用中径,同时控制内螺纹大径的最小极限尺寸。止规检验内螺纹的单一中径、内螺纹小径用光滑极限量规检验。

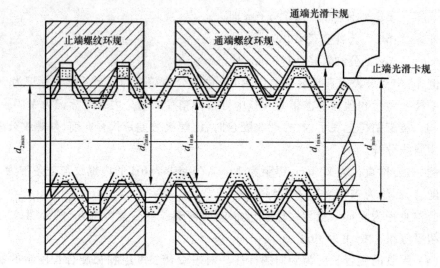

图 8-8　环规检验外螺纹

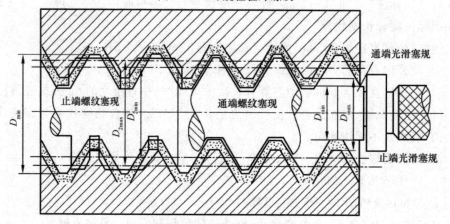

图 8-9　塞规检验内螺纹

2. 单项测量

螺纹的单项测量指分别测量螺纹的各项几何参数,主要是中径、螺距和牙型半角。常用的单项测量螺纹几何参数的方法有三针法和影像法。

下面主要介绍三针测量法。

三针测量法主要用于测量精密外螺纹(例如丝杆、螺纹塞规等)的单一中径。其最大优点是测量精度高。测量时,用三根直径均为 d_0 的精密圆柱量针,放在被测螺纹应的沟槽中,然后用光学或机械式量仪测出针距 M,如图 8-10(a)所示。

根据被测螺纹已知的螺距 P、牙型半角 $\alpha/2$ 和量针直径 d_0,如图 8-10(b)所示。根据直角 $\triangle OCE$ 和 $\triangle DBE$ 的关系推导出被测螺纹中径 d_{2s} 计算公式为

$$d_{2s} = M - d_0\left(1 + \frac{1}{\sin\dfrac{\alpha}{2}}\right) + \frac{P}{2}\cot\frac{\alpha}{2}$$

式中　P——螺距;

　　　$\alpha/2$——牙型半角;

d——测针直径。

三者的值均按照理论值进行计算。

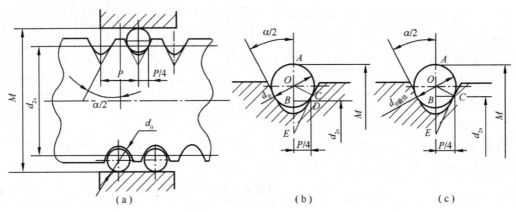

图 8 - 10　三针法测量外螺纹单一中径

对于普通螺纹、其牙型角 $\alpha = 60°$，则 $d_{2s} = M - 3d_0 + 0.866P$

对于梯形螺纹、其牙型角 $\alpha = 30°$，则 $d_{2s} = M - 4.8637d_0 + 1.866P$

三根量针的直径不能太小，否则沉在牙槽内无法测量；也不能太大。测量时应该采用最佳量针。最佳量针直径 $d_{0最佳}$ 应与螺纹的中径处相切，即图 8 - 10(b) 所示的点 D 与点 C 重合，如图 8 - 10(c) 所示。

$d_{0最佳}$ 可按下式计算：

$$d_{0最佳} = \frac{P}{2\cos\dfrac{\alpha}{2}}$$

对于普通螺纹，有　　　　　　　　$d_{0最佳} = 0.577P$

对于梯形螺纹，有　　　　　　　　$d_{0最佳} = 0.518P$

此外，螺纹中径还可以用螺纹千分尺测量，与外径千分尺原理相同，仅是测头不同，但其测量精度不够高，适用于单件、小批量生产以及精度要求低的螺纹。

8.2　键和花键结合的公差配合及检测

键属于连接件，有单键和花键之分。单键种类比较多，按照其结构和形状分为平键、半圆键和楔键。平键又可分为普通平键、导向平键和滑键；楔键可分为普通楔键和钩头楔键。

采用键使轴与其上的零件，例如链轮、齿轮、带轮、凸轮、手轮、拨叉等结合在一起的连接称为键连接，其作用是用来传递运动或扭矩。键连接是机械制造中最常用的连接方式之一，其中平键连接应用最广。

8.2.1　平键连接的互换性

平键是一种截面呈矩形的零件，其一半嵌在轴槽里，另一半嵌在安装于轴上的其他零件的孔槽里。对平键连接互换性的要求主要是，应使键与键槽的侧面有充分的有效接触面积来承受负荷，以保证键连接的强度、寿命和可靠性，键嵌在轴槽里要牢固、防止松动，方便装拆。因此,国家标准对键与键槽规定了尺寸的极限与配合。

下面主要介绍国家标准（GB/T 1095—2003）（GB/T 1566—2003）中有关平键的剖面尺寸与公差。

1. 平键键槽的剖面尺寸与公差（GB/T 1095—2003）

标准规定了宽度 b = 2 ~ 110 mm 的普通型、导向型平键键槽的剖面尺寸，如图 8 – 11 所示。普通平键键槽的尺寸与公差如表 8 – 8 所示。

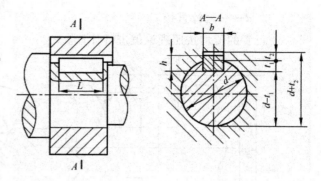

图 8 – 11　普通平键键槽的剖面尺寸

表 8 – 8　普通平键键槽的尺寸与公差　　　　　　（单位:mm）

键尺寸 $b \times h$	键槽										
	宽度 b						深度				半径 r
	基本尺寸	极限偏差					轴 t_1		毂 t_3		
		正常联结		紧密联结	松联结		基本尺寸	极限偏差	基本尺寸	极限偏差	
		轴 N9	毂 JS9	轴和毂 P9	轴 H9	毂 D10					min	max
2 × 2	2	− 0.004 − 0.029	± 0.012 5	− 0.005 − 0.031	+ 0.025 0	+ 0.060 + 0.020	1.2	+ 0.1 0	1.0	+ 0.1 0	0.08	0.16
3 × 3	3						1.8		1.4		
4 × 4	4	0 − 0.030	± 0.015	− 0.012 − 0.042	+ 0.030 0	+ 0.078 + 0.030	2.5		1.8		
5 × 5	5						3.0		2.3		
6 × 6	6						3.5		2.8		0.16	0.25
8 × 7	8	0 − 0.036	± 0.018	− 0.015 − 0.051	+ 0.036 0	+ 0.098 + 0.040	4.0		3.3		
10 × 8	10						5.0		3.3		
12 × 8	12	0 − 0.043	± 0.021 5	− 0.018 − 0.061	+ 0.043 0	+ 0.120 + 0.050	5.0		3.3		
14 × 9	14						5.5		3.8		0.25	0.40
16 × 10	16						6.0		4.3		
18 × 11	18						7.0	+ 0.2 0	4.4	+ 0.2 0	
20 × 12	20	0 0.052	± 0.026	− 0.022 − 0.074	+ 0.052 0	+ 0.149 + 0.065	7.5		4.9		
22 × 14	22						9.0		5.4		
25 × 14	25						9.0		5.4		0.40	0.60
28 × 16	28						10.0		6.4		
32 × 18	32						11.0		7.4		
36 × 20	36	0 − 0.062	± 0.031	− 0.025 − 0.088	+ 0.062 0	+ 0.180 + 0.080	12.0		8.4		
40 × 22	40						13.0		9.4		0.70	1.00
45 × 25	45						15.0		10.4		
50 × 28	50						17.0		11.4		

标准同时还规定了键应符合的技术条件及键槽表面粗糙度要求:

（1）普通型平键的尺寸符合国家标准（GB/T 1096—2003）的规定。

（2）导向型平键的尺寸符合国家标准（GB/T 1097—2003）的规定。

（3）导向型平键的轴槽与轮毂用较松键连接的公差。

（4）平键轴槽的长度公差用 H14。

（5）辆槽与轮毂槽的宽度 b 对轴及轮毂轴心线的对称度，一般可按照国家标准（GB/T 1184—1996）中对和度公差 7~9 级选取。

（6）轴槽、轮毂槽的键槽宽度 b 两侧面粗糙度参数 Ra 值推荐为 1.6~3.2 μm。

（7）轴槽底面、轮毂槽底面的表面粗糙度参数 Ra 值推荐为 6.3 μm。

新国家标准（GB/T 1095—2003）与旧国家标准（GB/T 1095—1979）的主要区别：

（1）标准名称由原"平键和键槽的剖面尺寸"改为"平键键槽的剖面尺寸"。

（2）取消了表中"轴公称直径 d"一列。

（3）将原表中第 2 列中的"键公称尺寸 $b \times h$"改为"键尺寸 $b \times h$"。

（4）将原表中第 3 列中的"公称尺寸 b"改为"基本尺寸"。

（5）表中键槽宽度极限偏差由"较松键连接、一般键连接、较紧键连接"改为"正常连接、紧密连接、松连接"。

（6）将键槽浓度中的"轴 t"改为"轴 t_1"，"毂 t_1"，改为"毂 t_2"。

（7）取消了表中的注。

（8）取消了附录"关于键槽表面粗糙度和对称度公差"。

2. 薄型平键键槽的剖面尺寸与公差（GB/T 1566—2003）

标准规定了宽度 $b = 5~36$ mm 的薄型平键键槽的剖面尺寸。其键槽的尺寸与公差如表 8-9 所示。

表 8-9　薄型平键键槽的尺寸与公差（摘自 GB/T1566—2003）　　　（单位：mm）

键尺寸 $b \times h$	键槽											
	宽度 b						深度				半径 r	
	基本尺寸	极限偏差					轴 t_1		毂 t_3			
		正常联结		紧密联结	松联结		基本尺寸	极限偏差	基本尺寸	极限偏差		
		轴 N9	毂 JS9	轴和毂 P9	轴 H9	毂 D10					min	max
5×3	5	0	±0.015	-0.012	+0.030	+0.078	1.8		1.4		0.16	0.25
6×4	6	-0.030		-0.042	0	+0.030	2.5		1.8			
8×5	8	0	±0.018	-0.015	+0.036	+0.098	3.0	+0.1	2.3	+0.1		
10×6	10	-0.036		-0.051	0	+0.040	3.5	0	2.8	0		
12×6	12						3.5		2.8			
14×6	14	0	±0.0215	-0.018	+0.043	+0.120	3.5		2.8		0.25	0.40
16×7	16	-0.043		-0.061	0	+0.050	4.0		3.3			
18×7	18						4.0		3.3			
20×8	20						5.0	+0.2	3.3	+0.2		
22×9	22	0	±0.025	-0.022	+0.052	+0.149	5.5	0	3.8	0	0.40	0.60
25×9	25	-0.052		-0.074	0	+0.065	5.5		3.8			
28×10	28						6.0		4.3			

轴槽和轮毂槽的剖面尺寸及上、下极限偏差,键槽的几何公差、表面粗糙度参数在图样上的标注如图 8-12 所示。

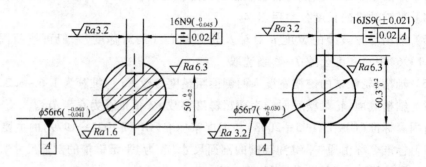

图 8-12　键槽尺寸及公差标注

8.2.2　花键连接的互换性

花键连接与单键连接相比较,具有承载能力高、定心性好等特点,适用于载荷较大,定心精度要求高的连接。

花键按照其键形不同,可分为矩形花键和渐开线花键。矩形花键的键侧边为直线,加工方便,可用磨削的方法获得较高精度,应用较广泛。渐开线花键的齿廓为渐开线,加工工艺与渐开线齿轮基本相同。在靠近齿根处齿厚逐渐增大,减少了应力集中,因此,具有强度高、寿命长等特点,且能起到自动定心作用。

1. 花键连接的极限与配合特点

(1) 多参数配合。花键相对于圆柱配合或单键连接而言,其配合参数较多,除键宽外,有定心尺寸、非定心尺寸、齿宽、键长等,最关键的是定心尺寸的精度要求。

(2) 采用基孔制配合。花键孔(也称内花键)通常用拉刀或插齿刀加工,生产效率高,能获得理想的精度。采用基孔制,可以减少昂贵的拉刀规格,用改变花键轴(也称外花键)的公差带位置的方法,即可得到不同的配合,满足不同场合的配合需要。

(3) 必须考虑几何公差的影响。花键在加工过程中不可避免地存在几何误差,为了限制其对花键配合的影响,除规定花键的尺寸公差外,还必须规定几何公差或规定限制几何误差的综合公差。

下面主要介绍矩形花键的定心方式、极限与配合等基本知识。

2. 矩形花键的定心方式

矩形花键连接有三个主要尺寸参数,即大径 D、小径 d、键(键槽)宽 B,如图 8-13 所示。图 8-13(a)所示为花键孔,图 8-13(b)所示为花键轴。

理论上,矩形花键的定心方式有三种,即大径定心、小径定心、键宽定心。分别以大径 D、小径 d、键宽 B 为定心尺寸。定心尺寸应具有较高的尺寸精度,非定心尺寸可以有较低的尺寸精度。键宽 B 不论是否作为定心尺寸,都要求其具有一定的尺寸精度,因为花键连接传递扭矩和导向都是利用键槽侧面。目前采用小径定心比较普遍,如图 8-14 所示。

国家标准《矩形花键尺寸公差和检验》(GB/T 1144—2001)规定了小径定心矩形花键的基本尺寸、公差与配合、检验规则和标记方法。为了便于加工和测量,键数规定为偶数,有 6、8、

10 三种。按承载能力不同,矩形花键可分为中、轻两个系列。中系列的键高尺寸较大,承载能力强,轻系列的键高尺寸较小,承载能力较低。

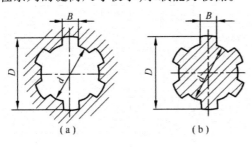

图 8 – 13　花键的基本尺寸

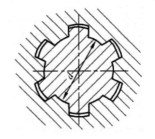

图 8 – 14　矩形花键的小径定心

矩形花键尺寸系列如表 8 – 10 所示。

表 8 – 10　矩形花键基本尺寸系列(摘自 GB/T1144—2001)　　　　　(单位:mm)

小径 D	轻系列				中系列			
	规格 $N \times d \times D \times B$	键数 N	大径 D	键宽 B	规格 $N \times d \times D \times B$	键数 N	大径 D	键宽 B
23	$6 \times 23 \times 26 \times 6$		26	6	$6 \times 26 \times 28 \times 6$		28	6
26	$6 \times 26 \times 30 \times 6$	6	30	6	$6 \times 26 \times 32 \times 6$	6	32	6
28	$6 \times 28 \times 32 \times 7$		32	7	$6 \times 28 \times 34 \times 7$		34	7
32	$8 \times 32 \times 36 \times 6$		36	6	$8 \times 32 \times 38 \times 6$		38	6
36	$8 \times 36 \times 40 \times 7$		40	7	$8 \times 36 \times 42 \times 7$		42	7
42	$8 \times 42 \times 46 \times 9$		46	8	$8 \times 42 \times 48 \times 8$		48	8
46	$8 \times 46 \times 50 \times 9$	8	50	9	$8 \times 46 \times 54 \times 9$	8	54	9
52	$8 \times 52 \times 58 \times 10$		58	10	$8 \times 52 \times 60 \times 10$		60	10
56	$8 \times 56 \times 62 \times 10$		62	10	$8 \times 56 \times 65 \times 10$		65	10
62	$8 \times 62 \times 68 \times 12$		68	12	$8 \times 62 \times 72 \times 12$		72	12

3. 矩形花键的公差与配合

矩形花键的公差配合采用基孔制,其尺寸公差带如表 8 – 11 所示。表中所给定的公差带是成品零件的公差带,对于拉削后不进行热处理或拉削后热处理的零件,所用拉刀不同,故采用不同的公差带。

表 8 – 11　矩形花键尺寸公差带

内 花 键				外 花 键			装配形式
d	D	B		d	D	B	
		拉削后不热处理	拉削后热处理				
一 般 传 动 用							
H7	H10	H9	H11	f7	a11	d10	滑动
				g7		f9	
				h7		h10	

内花键				外花键			装配形式
d	D	B		d	D	B	
		拉削后不热处理	拉削后热处理				
精密传动用							
H5	H10	H7,H9		f5		d8	滑动
				g5		f7	紧滑动
				h5	a11	h8	固定
H6				f6		d8	滑动
				g6		f7	紧滑动
				h6		h8	固定

注:1. 精密传动的内花键,当需要控制键的侧向内隙时,槽宽 B 可选 H7,一般情况下可选 H9。

　　2. d 为 H6 和 H7 的内花键,允许与提高一级的外花键配合。

一般用途的矩形花键应用于定心精度要求不太高但传递扭矩较大的场合,如载重汽车、拖拉机的变速器,精密传动的矩形花键应用于精密传动机械,常用于精密齿轮传动的基准孔。

矩形花键规定了滑动、紧滑动和固定三种配合。当要求定位精度高、传递扭矩大或经常需要正反转变动时,应选择紧一些的配合,反之选择松一些的配合。当内外花键需要频繁相对滑动或配合长度较大时,可选择松一些的配合。

尺寸 d、D、B 的公差等级选定后,具体公差数值可根据尺寸大小及公差等级查阅第 2 章中标准公差数值表和基本偏差数值表。小径 d 的形状误差应控制在尺寸公差带内,在其尺寸公差数值或公差带代号后加注 Ⓔ。

4. 矩形花键的标记

矩形花键在图样上的标注为键数 N×小径 d×大径 D×键宽 B,其各自的公差带代号标注在各自的基本尺寸之后。

例如:某花键副 　　　　$N = 8, d = 23\dfrac{H7}{f7}, D = 26\dfrac{H10}{a11}, B = 6\dfrac{H11}{d10}$

具体标注为

花键规格： 　　　　　　$8 \times 23 \times 26 \times 6$

花键副： 　　　　　　　$8 \times 23\dfrac{H7}{f7} \times 26\dfrac{H10}{a11} \times 6\dfrac{H11}{d10}$ 　　（GB/T 1144—2001）

内花键： 　　　　　　　$8 \times 23H7 \times 26H10 \times 6H11$ 　　（GB/T 1144—2001）

外花键： 　　　　　　　$8 \times 23f7 \times 26a11 \times 6d10$ 　　（GB/T 1144—2001）

图样中的标注如图 8 - 15 所示。

5. 其他公差要求

矩形内、外花键的位置度标注如图 8 - 16 所示;位置度公差数 t_1 值如表 8 - 12 所示;对称度公差数值如表 8 - 13 所示;表面粗糙度参考值如表 8 - 14 所示。

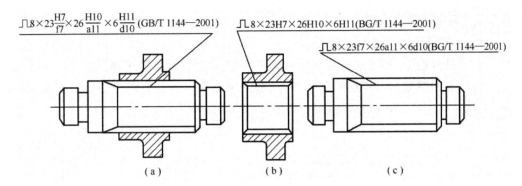

图 8-15 矩形花键在图样中的标注

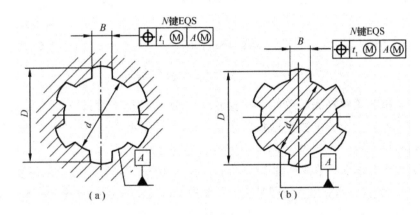

图 8-16 花键位置度公差标注

表 8-12 矩形花键的位置度公差 （单位：mm）

键槽宽或键宽 B		3	3.5~6	7~10	12~18
		位置度公差数值 t_1			
键槽宽		0.010	0.015	0.020	0.025
键宽	滑动、固定	0.010	0.015	0.020	0.025
	紧滑动	0.006	0.010	0.013	0.016

表 8-13 矩形花键的对称度公差 （单位：mm）

键槽宽或键宽 B	3	3.5~6	7~10	12~18
	对称度公差 t_2			
一般传动用	0.010	0.012	0.015	0.018
精密传动用	0.006	0.008	0.009	0.011

表 8-14 花键表面粗糙度参考值 （单位：μm）

加工表面	内花键	外花键
	Ra 不大于	
小径	1.6	0.8
大径	6.3	3.2
键侧	6.3	1.6

8.2.3 键与花键的检测

1. 平键的检测

对于平键连接,需要检测的项目有键宽、轴槽和轮毂槽的宽度、深度及槽的对称度。

(1)键和槽宽。单件小批量生产,一般采用通用计量器具测量,例如,千分尺,游标卡尺等,大批量生产时,用极限量规控制,如图 8 – 17(a)所示。

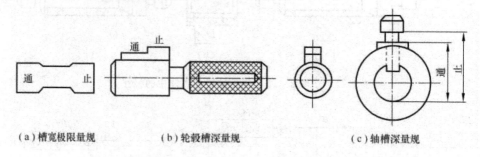

(a)槽宽极限量规   (b)轮毂槽深量规   (c)轴槽深量规

图 8 – 17 键槽尺寸量规

(2)轴槽和轮毂槽深。单件小批量生产,一般用游标卡尺或外径千分尺测轴尺寸 $d - t_1$,用游标卡尺或内径千分尺测量轮毂尺寸 $d + t_2$。大批量生产时,用专用量规如轮毂槽深度极限量规和轴槽深极限量规测量,如图 8 – 17(b)、(c)所示。

(3)键槽对称度。单件小批量生产时,可用分度头、V 形架和百分表测量,大批量生产时一般用综合量规检验,如对称度极限量规。只要量规通过即为合格,如图 8 – 18 所示。图 8 – 18(a)所示为轮毂槽对称度量规,图 8 – 18(b)所示为轴槽对称度量规。

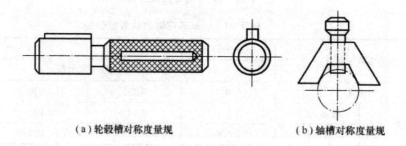

(a)轮毂槽对称度量规   (b)轴槽对称度量规

图 8 – 18 键槽对称度量规

2. 矩形花键的检测

矩形花键的检测包括尺寸检验和几何误差的检验。

单件小批量生产时,花键的尺寸和位置误差用千分尺、游标卡尺、指示表等通用计量器具分别测量。大批量生产时,内(外)花键用花键综合塞(环)规,同时检验内(外)花键的小径、大径、各键槽宽(键宽)、大径对小径的同轴度和键(键槽)的位置度等项目。此外,还要用单项止端塞(卡)规或普通计量器具检测其小径、大径、各键槽宽(键宽)的实际尺寸是否超越其最小实体尺寸。

检测内、外花键时,如果花键综合量规能通过,而单项止端量规不能通过,则表示被检测的内、外花键合格。反之,即为不合格。

内外花键综合量规的形状如图 8 - 19 所示。图 8 - 19(a)、(b)所示为花键塞规,图 8 - 19(c)所示为花键环规。

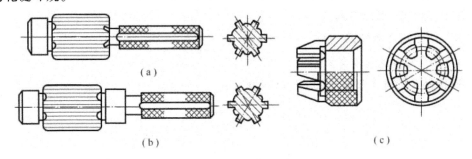

图 8 - 19　矩形花键综合量规

8.3　圆锥的公差配合及检测

圆锥配合在机械产品中应用较广。与圆柱配合比较,圆锥配合有如下特点:

(1) 对中性好。圆柱间隙配合中,孔与轴的轴线不重合,而圆锥配合中,内、外圆锥在轴向力的作用下能自动对中,以保证内、外圆锥体的轴线具有较高精度的同轴度,且能快速装拆,如图 8 - 20 所示。

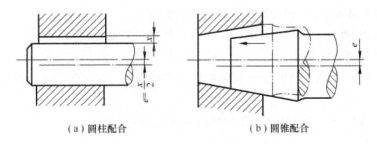

(a) 圆柱配合　　　　　　　　　　　　(b) 圆锥配合

图 8 - 20　圆柱配合与圆锥配合的比较

(2) 配合的间隙或过盈可以调整。圆锥配合中,间隙或过盈的大小可以通过内、外圆锥有轴向相对移动来调整。

(3) 密封性好。内、外圆锥的表面经过配对研磨后,配合起来具有良好的自锁性和密封性。

圆锥配合虽然有以上优点,但它与圆柱配合相比,结构比较复杂,影响互换性参数比较多,加工和检测也较困难,故其应用不如圆柱配合应用广泛。

在不同的使用情况下,圆锥配合可分为如下三类:

(1) 间隙配合。内、外圆锥之间具有间隙,它可以在装配过程中通过调整轴向相对位置获得,精细的调整可以得到比较合适的松紧,磨损后的间隙改变也比较容易得到调整。主要用于滑动轴承机构中,例如车床主轴的圆锥轴颈与圆锥轴承衬套的配合。

(2) 过渡配合。内、外圆锥面的贴紧具有很好的密封性,可以防止漏气、漏水。主要用于定心或密封场合,如锥形旋塞、发动机中的气阀与阀座、管道接头或阀门等的配合。

（3）过盈配合。较大的轴向压紧力可以得到有过盈的配合，既可以自动定心又可以自锁，产生较大的摩擦力来传递转矩。例如钻头（或铰刀）的圆锥柄与机床主轴圆锥孔的配合、圆锥形摩擦离合器中的配合等。

8.3.1 圆锥配合的知识

1. 圆锥配合的基本参数

圆锥结合的基本参数如图 8 - 21 所示。

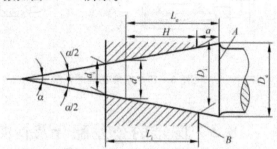

图 8 - 21 圆锥结合的基本参数

A—外圆锥基准面；B—内圆锥基准面

（1）圆锥角（α）：在通过圆锥轴线的截面内，两条素线之间的夹角。

（2）圆锥素线角（$\alpha/2$）：圆锥素线与其轴线的夹角，它等于圆锥角之半。

（3）圆锥直径：与圆锥轴线垂直截面内的直径。在不同的截面上，圆锥直径的大小是不同的。其中有内、外圆锥的最大直径 D_i、D_e，内、外圆锥的最小直径 d_i、d_e，距端面一定距离的任一给定截面圆锥直径 d_x。

（4）圆锥长度（L）：圆锥最大直径与最小直径所在截面之间的轴向距离。内、外圆锥长度分别用 L_i、L_e 表示。

（5）圆锥配合长度（H）：内、外圆锥配合面间的轴向距离。

（6）锥度（C）：圆锥最大直径与最小直径之差与圆锥长度之比。即

$$C = (D - d)/L = 2\tan\frac{\alpha}{2}$$

该关系式反映了圆锥直径、圆锥长度、圆锥角和锥度之间的相互关系，是圆锥几何参数计算的基本公式。锥度常用比例或分数表示，例如 $C = 1:20$ 或 $C = 1/20$ 等。

（7）基面距（a）：相互配合的内、外锥基准面间的距离。它是用来确定内、外圆锥的轴向相对位置。基面可以是圆锥大端面，也可以是圆锥小端面。

2. 圆锥配合的形成方法

按确定内、外圆锥轴向位置的方法，圆锥配合的形成方式有如下四种：

（1）由内、外圆锥的结构确定装配的最终位置面形成配合。图 8 - 22（a）所示为由轴肩接触得到的间隙配合。

（2）由内、外圆锥基面之间的尺寸确定装配后的最终位置面形成的配合。图 8 - 22（b）所示为由基面距 a 得到的过盈配合。

（3）由内、外圆锥实际初始位量 P_a 开始，作一定的相对轴向位移量 E_a 而形成配合。实际

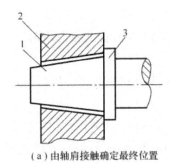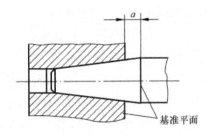

（a）由轴肩接触确定最终位置　　　　　（b）由结构尺寸确定最终位置

图 8 - 22　圆锥配合的形成方式

1—外圆锥；2—内圆锥；3—轴肩

初始位置，是指在不施加装配力的情况下相互结合的内、外圆锥表面接触时的轴向位置。这种形成方式可以得到间隙配合或过盈配合。图 8 - 23 所示为间隙配合。

（4）由内、外圆锥实际初始位置 P_a 开始，施加一定装配力产生轴向位移而形成配合。这种方式只能得到过盈配合，如图 8 - 24 所示。

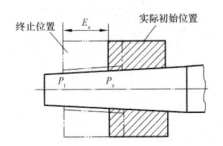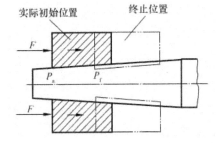

图 8 - 23　作一定轴向位移确定轴向位置　　　图 8 - 24　施加一定装配力确定轴向位置

以上前两种方式称为结构型圆锥配合，后两种方式为位移型圆锥配合。

3. 圆锥配合的基本要求

（1）圆锥配合根据使用要求应有适当的间隙或过盈。间隙或过盈是在垂直于圆锥表面方向起作用，但按垂直于圆锥轴线方向给定并测量，对于锥度 $C \leqslant 1:3$ 的圆锥，两个方向的数值差异很小，可忽略。

（2）控制内、外锥角的偏差和形状误差，以使圆锥配合的间隙或过盈均匀，即满足接触的均匀性要求。

（3）有些圆锥配合要求实际基面距控制在一定范围内。当内、外圆锥长度一定时，基面距太大，会使配合长度减小，影响结合的稳定性和传递转矩；若基面距大小，则补偿圆锥表面磨损的调节范围就将减小。

4. 圆锥几何参数误差对互换性的影响

1）圆锥直径误差对基面距的影响

对于结构型圆锥，基面距是一定的，直径误差影响圆锥配合的实际间隙或过盈大小。影响情况和圆柱配合一样，对于位移型圆锥，直径误差影响圆锥配合的实际初始位置，影响装配后的基面距。

2）圆锥角误差对配合的影响

圆锥角有误差,特别是内、外锥角误差不相等时会影响接触的均匀性。对于位移型圆锥,圆锥角误差有时还会影响基面距。

如图 8 – 25 所示,设以内圆锥最大直径为基本圆锥直径 D_i,基面距在大端,内、外圆锥大端直径均无误差,只有圆锥角误差 $\Delta\alpha_i$、$\Delta\alpha_e$,且 $\Delta\alpha_i \neq \Delta\alpha$。

当 $\Delta\alpha_i < \Delta\alpha_e$,即 $\alpha_i < \alpha_e$ 时,内、外圆锥在大端接触,它们对基面距的影响很小,可忽略。但内、外锥在大端局接触,接触面积小,将使磨损加剧,且有可能导致内、外锥相对倾斜,影响使用性能,如图 8 – 25(a)所示。

当 $\Delta\alpha_i > \Delta\alpha_e$,即 $\alpha_i > \alpha_e$ 时,内、外圆锥在小端接触,不但影响接触均匀性,而且影响位移型圆锥配合的基面距,由此产生的基面距变化量为 $\Delta\alpha$,如图 8 – 25(b)所示。

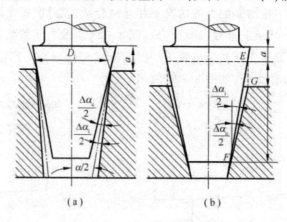

图 8 – 25 圆锥角误差的影响

3）圆锥形状误差对配合的影响

圆锥形状误差是指在任一轴向截面内圆锥素线直线度误差和任一横向截面内的圆度误差。它们主要影响配合表面的接触精度。对间隙配合,使其配合间隙大小不均匀。对过盈配合,由于接触面积减少,使传递扭矩减小,连接不可靠。对过渡配合,影响其密封性。

8.3.2 圆锥配合公差及其选用

1. 圆锥公差项目

国家标准《产品几何量技术规范(GPS) 圆锥公差》(GB/T 11334—2005)适用于圆锥体锥度 1∶3 ~ 1∶500,圆锥长度 $L = 6 ~ 630$ mm 的光滑圆锥件。标准中规定了以下四个圆锥公差项目:

1）圆锥直径公差（T_D）

指圆锥直径的允许变动量。其公差带是两个极限圆锥所限定的区域,如图 8 – 26 所示。最大与最小极限圆锥统称为极限圆锥。为了统一和简化,圆锥直径公差 T_D 以圆锥大端直径作为基本尺寸查阅第 2 章的公差 IT 值,并适用于圆锥全长。

2）圆锥角公差（AT）

指圆锥角允许的变动量,即最大圆锥角 α_{max} 与最小圆锥角 α_{min} 之差,如图 8 – 27 所示。在圆锥轴向截面内,由最大和最小极限圆锥角所限定的区域为圆锥角公差带。以弧度或角度为

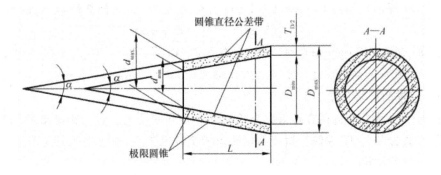

图 8-26　圆锥直径公差带

单位时用 AT_α 表示，以长度为单位时用 AT_D 表示。

国际对圆锥角公差规定了 12 个等级，为 AT1，AT2，…，AT12，其中 AT1 精度最高，AT2 精度最低。

表 8-15 所示为 AT4~AT8 级圆锥角公差数值。

表中，在每一基本圆锥长度 L 的尺寸段内，当公差等级一定时，AT_α 为为一定值，对应的 AT_D 随长度不同而变化。

$$AT_D = AT_\alpha \times L \times 10^{-3}$$

（AT_α 单位为 μrad；AT_D 单位为 μm；L 单位为 mm。）

图 8-27　圆锥角公差带

表 8-15　圆锥角公差数值

基本圆锥长度 L/mm		圆锥角公差等级								
		AT4			AT5			AT6		
		AT_1		AT_D	AT_1		AT_D	AT_1		AT_D
大于	至	/μrad	(°)	/μm	/μrad	(X)	/μm	/μrad	(X)	/μm
16	25	125	25	>2.0~3.2	200	41°	>3.2~5.0	315	105°	>5.0~80
25	40	100	21	>2.5~4.0	160	33°	>4.0~63	250	52°	>46.3~10.0
40	63	80	16	>3.2~50	125	26°	>5.0~8.0	200	41°	>8.0~12.5
63	100	63	13	>4.0~63	100	21°	>6.3~10.0	160	33°	>10.0~16.0
100	160	50	10	>5.0~8.0	80	16°	>8.0~12.5	125	26°	>12.5~20

基本圆锥长度 L/mm		圆锥角公差等级								
		AT7			AT8			AT9		
		AT_1		AT_D	AT_1		AT_D	AT_1		AT_D
大于	至	/μrad	(°)	/μm	/μrad	(X)	/μm	/μrad	(X)	/μm
16	25	500	1°45′	>8.0~12.5	800	2°45′	>125~20.0	1250	4°10′	>20~32
25	40	400	1°22′	>10.0~16.0	630	2°10′	>160~20.5	1000	3°26′	>25~40
40	63	315	1°05′	>125~20.0	500	1°45′	>200~32.0	800	2°45′	>32~50
63	100	250	52°	>160~25.0	400	1°22′	>250~40.0	630	2°10′	>40~63
100	160	200	41°	>200~320	315	1°05′	>320~50.0	500	1°45′	>50~80

1 μrad 等于半径为 1 m、弧长为 1 μm 所对应的圆心角。微弧度与分、秒的关系为

$$5 \ \mu rad \approx 1'' \quad 300 \ \mu rad \approx 1'$$

例如，当 $L = 100$ mm，AT_a 为 9 级时，查表 8 – 15 得 $AT_a = 630$ μrad 或 $2'10''$，$AT_D = 63$ μm。若 $L = 70$ mm，AT_a 仍为 9 级，则 $AT_D = 630 \times 70 \times 10^{-3}$ μm ≈ 44 μm。

3）圆锥的形状公差（T_F）

圆锥的形状公差包括圆锥素线直线度公差和圆度公差。对于精度低的圆锥件，其形状误差一般用直径公差 T_D 控制。对于精度要求较高的圆锥件，应按要求给定形状公差 T_F，其数值按第 4 章进行选取。

4）给定截面圆锥直径公差（T_{DS}）

指在垂直于圆锥轴线的给定截面内圆锥直径的允许变动量。它仅适用于该给定截面的圆锥直径。其公差带是在给定的截面内两同心圆所限定的区域，如图 8 – 28 所示。

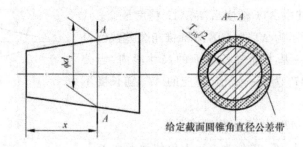

图 8 – 28　给定截面圆锥直径公差带

T_{DS} 公差带所限定的是平面区域，而 T_D 公差带限定的是空间区域，二者是不同的。

2. 圆锥公差的给定

对于一个具体的圆锥件，并不完全需要给定上述四项公差，而是根据工件使用要求来给出公差项目。

国家标准（GB/T 11334—2005）中规定了两种圆锥公差的给出方法。

（1）给出圆锥的理论正确圆锥角 α（或锥度 C）和圆锥直径公差 T_D，由 T_D 确定两个极限圆锥。此时，圆锥角误差和圆锥的形状误差均应在极限圆锥所限定的区域内。图 8 – 29（a）所示为此种给定方法的标注示例，图 8 – 29（b）所示为其公差带。

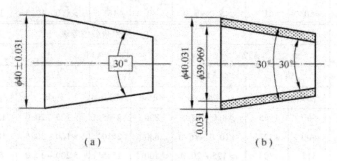

图 8 – 29　第一种圆锥公差的给出标注

当对圆锥角公差、形状公差有更高要求时,可再给出圆锥角公差 AT 和形状公差 T_F,此时 AT 和 T_F 仅占 T_D 的一部分。此种给定公差的方法通常运用于有配合要求的内、外圆锥。

(2)给出给定截面圆锥直径公差 T_{DS} 和圆锥角公差 AT_0 且 T_{DS} 和 AT 是独立的,应分别满足,如图 8－30 所示。

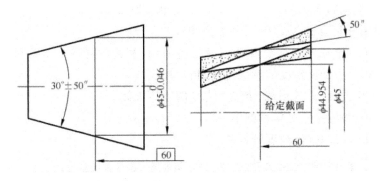

图 8－30　第二种圆锥公差的给出标注

当对形状公差有更高要求时,可再给出圆锥的形状公差。此种方法通常运用于对给定圆锥截面直径有较高要求的情况。如某些阀类零件中,两个相互接合的圆锥在规定截面上要求接触良好,以保证密封性。

标准中提出圆锥公差也可以用面轮廓度标注,如图 8－31 所示。必要时还可以给出形状公差要求,但只占面轮廓度公差的一部分。

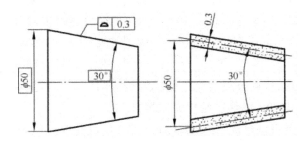

图 8－31　面轮廓度的标注

3. 圆锥公差的选用

有配合要求的圆锥通常采用第一种给出圆锥公差的方法,本节主要介绍在这种情况下圆锥公差的选用。

1)直径公差的选用

对于结构型圆锥,直径误差主要影响实际配合间隙或过盈。选用时和圆柱配合一样,可根据配合公差 T_{DP} 来确定内、外圆锥直径公差 T_{Di} 和 T_{De}。

$$T_{DP} = X_{max} - X_{min} = Y_{min} - Y_{max} = X_{max} - Y_{max}$$

$$T_{DP} = T_{Di} + T_{De}$$

国家标准中推荐结构型圆锥配合优先选用基孔制。公式中 X、Y 分别表示配合的间隙与过盈量。

2）圆锥角公差的选用

按第一种方法给定圆锥公差,圆锥角误差限制在两个极限圆锥范围内,可不另给圆锥角公差。

表 8 – 16 所示为圆锥长度 $L=100$ mm 时圆锥直径公差 T_D 可限制的最大圆锥角误差。当 $L\neq100$ mm 时,应将表中的数值乘以 $100/L$（L 单位为 mm）。

如果对圆锥角有更高要求,可另给出圆锥角公差。

对于国家标准规定的圆锥角的 12 个公差等级,其适用范围大体如下:

AT1～AT5:用于高精度的圆锥量规、角度样板等。

AT6～AT8:用于工具圆锥、传递大力矩的摩擦锥体。

AT8～AT10:用于中等精度圆锥件。

AT11～AT12:用于低精度圆锥件。

表 8 – 16　圆锥直径公差 T_D 所限制的最大圆锥角误差 $\Delta\alpha_{max}$（$L=100$ mm）　　（单位:μrad）

标准公差等级	圆锥直径/mm											
	≤3	>3 ~6	>6 ~10	>10 ~18	>18 ~30	>30 ~50	>50 ~80	>80 ~120	>120 ~180	>180 ~250	>250 ~315	>315 ~400	>400 ~500
IT4	30	40	40	50	60	70	80	100	120	140	160	180	200
IT5	40	50	60	80	90	110	130	150	180	200	230	250	270
IT6	60	80	80	110	130	160	190	220	250	290	320	360	400
IT7	100	120	150	180	210	250	300	350	400	460	5820	570	620
IT8	140	180	220	270	330	290	460	540	630	720	810	890	970
IT9	250	300	260	430	520	620	740	870	1000	1150	1300	1400	1550
IT10	400	480	580	700	840	1000	1200	1400	1300	1850	2100	2300	2500

从加工角度考虑,角度公差 AT 的等级数字与相应的尺寸公差 IT 等级有大体相当的加工难度。例如 AT7 级与 IT7 级加工难度大体相当。

圆锥角极限偏差可按单向（$\alpha+AT$ 或 $\alpha-AT$）或双向取。双向取时可以对称（$\alpha\pm AT/2$）,也可以不对称。对于有配合要求的圆锥,若只要求接触均匀性,则内、外圆锥锥角的极限偏差方向应尽量一致。

8.3.3　圆锥的检测

1. 量规检验法

大批量生产的圆锥件可采用量规检验。检验内圆锥用塞规,如图 8 – 32(a) 所示;检验外圆锥用环规,如图 8 – 32(b) 所示。

检测锥度进,先在量规圆锥面素线的全长上,涂上 3～4 条极薄的显示剂,然后把量规与被测圆锥对研,来回旋转角应小于 180°。根据被测圆锥上的着色或量规上擦掉的痕迹,来判断被测锥度或圆锥角是否合格。

在量规的基准端部刻有两条刻线或小台阶,它们之间的距离为 z,$z=(T_D/C)\times10^{-3}$ mm（T_D 为被检验圆锥直径公差,单位为 μm,C 为锥度）,用以检验实际圆锥的直径偏差、圆锥角偏差和形状误差的综合结果。若被测圆锥的基面端位于量规的两刻线之间,则表示圆锥合格。

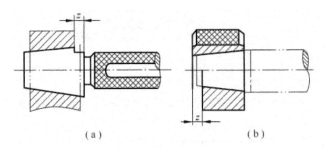

（a）　　　　　　　　（b）

图 8-32　圆锥量规检验

2. 间接测量法

间接测量法是通过测量与锥度有关的尺寸,按几何关系换算出被测的锥度或锥角。

如图 8-33 所示是用正弦规则测量外圆锥锥度。先按公式 $h = L\sin\alpha$（α 为公称圆锥角,L 为正弦规两圆柱中心距）计算并组合量块组,然后按图示进行测量。

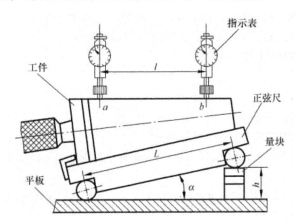

图 8-33　用正弦规测量圆锥锥度

工件的锥度偏差 $\Delta C = (h_a - h_b)/L$,h_a、h_b 分别为指示表在 a、b 两点的读数,L 为 a、b 两点间距离。

本章小结

1. 本章学习了普通螺纹的几何参数及其对互换性的影响;螺纹公差配合中,基本偏差、公差带的特点;旋合长度、螺纹标注等。

2. 平键连接、键宽（槽宽）b 是主要参数,键是标准件。

3. 矩形花键连接的尺寸为小径 d、大径 D、键（槽）宽 B,规定以小径 d 为定心表面,d 为主要参数,形成滑动、紧滑动、固定三种装配形式。

4. 圆锥的公差配合,具有对中性好,加工精度高的特点。

练习题

8-1　判断题

（1）0级精度等级是滚动轴承最高的精度等级。（　　　）

（2）滚动轴承的内径与轴采用基孔制配合，内孔为基准孔，因此孔径公差带的下偏为零，上偏差为正值。（　　　）

（3）在装配图上标注滚动轴承与轴和外壳孔的配合时，只标注轴和外壳孔的公差带代号（　　　）

（4）受局部负荷应比受循环负荷选择松些的配合。（　　　）

（5）滚动轴承的精度等级不仅与基本尺寸的精度有关，而且与旋转精度有关。（　　　）

（6）对相同规格和同一公差等级的普通螺纹，内、外螺纹的公差值不相等。（　　　）

8-2　选择滚动轴承精度等级应考虑哪些主要因素？各级精度的轴承各用在什么场合？

8-3　选择滚动轴承的配合时，应考虑哪些因素？

8-4　为什么国家标准规定矩形花键的定心方式采用小径定心？

8-5　矩形花键 $6 \times 23H7/g7 \times 26H10/a11 \times 6H11/f9$ 的含义是什么。

8-6　普通螺纹的基本几何参数有哪些？什么是螺纹中径？

8-7　说出下列螺纹标注的含义。

（1）M20-6H。

（2）M12-5H6H-L。

（3）M30×1-6H/5g6g。

8-8　圆锥结合的极限与配合有哪些特点？

8-9　假设有一外圆锥，其最大直径为 110 mm，最小直径为 99 mm，长度为 110 mm，试确定其圆锥角、圆锥素线角和锥度。

8-10　假设有一圆锥体，其尺寸参数为 D、d、L、C、a，试说明在零件图上是否需要把这些参数的尺寸和极限偏差都标注出来，为什么？

8-11　圆锥公差的给出方法有哪几种？它们各适用于什么样的场合？

8-12　为什么钻头、铰刀、铣刀等尾柄与机床主轴孔连接多采用圆锥结合的方式？从使用要求出发，这些工具锥体应有哪些要求？

第 **9** 章　圆柱齿轮传动的公差及测量

学习目标

1. 掌握齿轮传动的四项要求及对传动性能的影响。
2. 掌握渐开线圆柱齿轮的公差项目、加工误差产生的原因、解决的方法。
3. 了解对齿轮和齿轮副的检测方法及了解所用量仪的名称。

9.1　圆柱齿轮传动的要求

齿轮传动广泛应用于机器或各种机械设备中,其使用要求可归纳为以下四个方面:

1. 传递运动准确性(传动精度)

要求齿轮在一转范围内,最大转角误差应限制在一定范围内,传动比变化小以保证从动件与主动件协调。

2. 传动平稳性(平稳性精度)

要求齿轮传动的瞬时传动化比变化不大,因为瞬时传动比的突变将引起齿轮传动冲击、振动和噪声。

3. 载荷分布均匀性(接触精度)

要求轮齿啮合时齿面接触良好,以免载荷分布不均引起应力集中,造成局部磨损,影响使用寿命。

4. 合理的齿轮副侧隙

要求轮齿啮合时非工作面应有一定的间隙,用于储油润滑或容纳齿轮受热和受力的弹性变形,以及制造和安装所产生的误差,保证传动中不出现卡死和齿面烧伤及换向冲击等。

齿轮传动的用途和工作条件不同,对上述四方面的要求也各有侧重。

对精密机床和仪器上的分度和读数齿轮,主要要求是传递运动准确性。对传动平稳性也有一定要求,而对接触精度要求往往是次要的。

当需要可逆传动时,应对齿侧间隙加以限制,以减少反转时的空程误差。

对重型、矿山机械(例如轧钢机,起重机等)由于传递动力大,且圆周速度不高,对载荷分布的均匀性要求较高,齿侧间隙应大些,而对传递运动的准确性则要求不高。

对高速重载的齿轮(例如汽轮机减速器),其传递运动的准确性、传动的平稳性和载荷分布的均匀性都要求很高。

因此,研究齿轮互换性具有重要意义。

9.2 齿轮加工误差简述

齿轮加工通常采用展成法,即用滚刀或插齿刀在滚齿机、插齿机上加工渐开线齿廓,高精度齿轮还需进行剃齿或磨齿等精加工工序。

现以滚齿为代表,列出产生误差的主要因素。图9－1所示为滚齿时的主要加工误差是由机床—刀具—工件系统的周期性误差造成的。此外,还与夹具、齿坯和工艺系统的安装和调整误差有关。

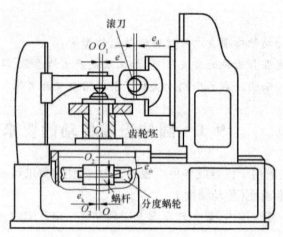

图9－1 滚切齿轮

1. 几何偏心

当机床心轴与齿坯有安装偏心 e 时,引起齿轮齿圈的轴线与齿轮的工作时的轴线不重合,使齿轮一转内产生齿圈径向圆跳动误差,并且使齿距和齿厚也产生周期性变化,此属径向误差。

2. 运动偏心

当机床分度蜗轮有加工误差及与工作台有安装偏心 e_k 时,造成齿轮的齿距和公法线长度在局部上变长或变短。使齿轮产生切向误差。

以上两种偏心引起的误差是以齿坯一转为一个周期,称为长周期误差。

一个齿轮往往同时存在几何偏心和运动偏心,总的基圆偏心应取其矢量和,即

$$e_总 = e + e_k$$

3. 机床传动链的短周期误差

机床分度蜗杆有安装偏心 e_w 和轴向窜动,使分度蜗轮(齿坯)转速不均匀,造成齿轮的齿距和齿形误差。

分度蜗杆每转一转,跳动重复一次,误差出现的频率将等于分度蜗轮的齿数,属高频分量,故称短周期误差。

4. 滚刀的制造误差及安装误差

例如滚刀有偏心 e_d,轴线倾斜及轴向跳动及刀具齿形角误差等,都会反映到被加工的轮齿上,称为短周期误差。

以上两项产生的误差是在齿轮一转中多次重复出现,称为短周期误差。

为了便于分析各种误差对齿轮传动质量的影响,按齿轮方向分为径向误差、切向误差和轴向误差。按齿轮误差项目对传动性能的主要影响可分为三个组:影响运动准确性的误差为第Ⅰ组;影响传动平稳性的误差为第Ⅱ组;影响载荷分布均匀性的误差为第Ⅲ组。

9.3　圆柱齿轮的误差项目及检测

为了保证齿轮传动工作质量,必须控制单个齿轮的误差。齿轮误差有综合误差与单项误差。现将齿轮新的国家标准(GB/T 10095—2001、GB/T 18620—2002)中项目和旧标准(GB/T 10095—1988)中个别常用项目介绍如下。

9.3.1　影响传递运动准确性的误差及测量

在齿轮传动中影响传递运动准确性新偏差项目有五项,属长周期误差,包括 F_i'、F_p、F_{pk}、F_r、F_i''。

1. 切向综合总偏差 F_i'

F_i' 是指被测齿轮与理想精确的测量齿轮单面啮合检验时,在被测齿轮一转内,齿轮分度圆上实际圆周位移与理论圆周位移的最大差值。

检验过程,使设计中心距 a 不变,齿轮的同侧齿面处于单面啮合状态,以分度圆弧长计值,如图9－2所示。

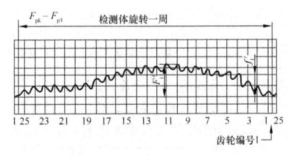

图9－2　切向总偏差 F_i' 和—齿切向综合偏差 f_i

需要注意的是,除另有规定外,切向综合偏差的测量不是必须的。然而,经供需双方同意时,这种方法最好与轮齿接触的检验同时进行,有时可以用来替代其他检测方法。

测量齿轮允许用精确齿条、蜗杆、测头等测量元件代替。

F_i' 反映齿轮一转的转角误差。说明齿轮传递运动的不准确性,其转速忽快忽慢地作周期性变化。F_i' 是几何偏心、运动偏心及各短周期误差综合影响的结果。

F_i' 在单面综合检查仪(单啮仪)上测得,仪器原理如图9－3所示。由于测量状态与齿轮的工作状态相近,故误差曲线较全面、真实地反映了齿轮的误差情况,且综合了各项误差的影响,实属高效、自动化、综合测量的齿轮量仪,价格较昂贵,现逐渐被广泛使用。

2. 齿距累积总偏差 F_p

齿距累积总偏差 F_p 是指齿轮同侧齿面任意弧段($k=1\sim z$)内的最大齿距累积偏差。它表现为齿距累积偏差曲线的总幅值,如图9－4(a)所示。

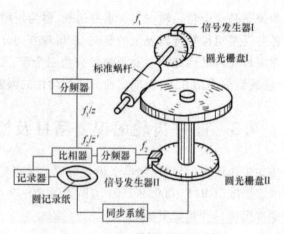

图9-3　光栅式单啮仪原理图

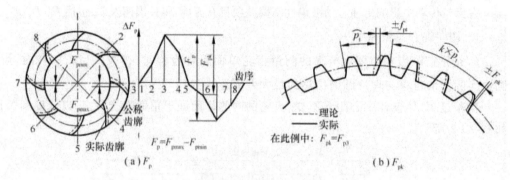

图9-4　齿距累积总偏差 F_p 及齿距累积偏差 F_{pk}

F_p 反映了齿轮的几何偏心和运动偏心使齿轮齿距不均匀所产生的齿距累积误差。由于它能反映齿轮一转中偏心误差引起的转角误差,所以 F_p 可代替 F_i' 作为评定齿轮传递运动准确性的项目。两者的差别:F_p 是分度圆周上逐齿测得的有限个点的误差情况,不能反映两齿间传动比的变化。而 F_i' 是在单面连续转动中测得的一条连续误差曲线,能反映瞬时传动比变化情况,与齿轮工作情况相近,数值上 $F_p = 0.8F_i'$。

3. 齿距累积偏差 F_{pk}

为了控制齿轮的局部积累误差和提高测量效率,可以测量 k 个齿的齿距累积误差 F_{pk},即任意 k 个齿距的实际弧长与理论弧长的代数差。理论上它等于这 k 个齿距的单个齿距的代数和。k 在 $2 \sim z/8$ 的弧段内取值,一般 k 取小于 $z/6$ 或 $z/8$ 的最大整数,z 为齿数,如图9-4(b)所示。

F_p 的测量可分为相对法和绝对法两种。

1)相对测量法

利用圆周封闭原理,以齿轮上任意一个齿距作基准,调整指示表零位,然后逐齿依次测量各齿对基准齿的相对齿距偏差 $f_{pt相对}$,经数据处理即可求出 F_p。

按齿轮的摸数大小,齿数多少,精度高低,手提式齿距仪有三种定位方式,如图9-5所示。顶圆定位测量精度低,内孔定位测量精度高。

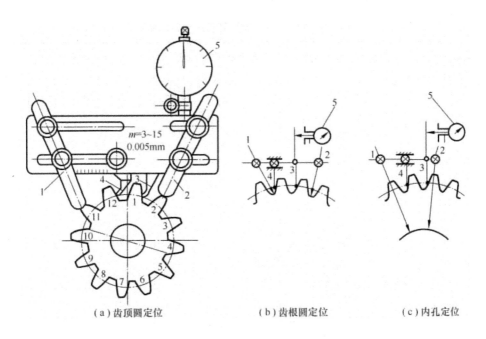

（a）齿顶圆定位　　　　　（b）齿根圆定位　　　　　（c）内孔定位

图 9 - 5　手提式齿距仪测量示意图

1、2—定位支脚；3—活动量爪；4—固定量爪；5—指示表

【例】　用万源测齿仪测一齿轮 $f_{pt相对}$ 的读数后，求齿距累积误差 F_p，如图 9 - 6 所示。活动量脚 1 与指示表 4 相连，齿轮在重锤 3 的作用下抵在定位脚 2 上，用量脚移动指示表 4 的指针至零位，且在分圆处接触，逐齿测量各齿的齿距相对偏差值 $f_{pt相对}$ 记入表 9 - 1 所示数据的第二栏后便可进行以下计算。

（1）计算法求 F_p。即用表 9 - 1 所示的第二栏的仪器测得值读数 $f_{pt相对}$，将其读数逐齿累加后填入第三栏内。按圆周封闭原理，其一周的累积值应为零，但最后一齿 $\Sigma f_{pt相对} = -36$，这是由于第一个起始齿不是公称齿距及测量误差引起的。设调整第一个齿时与公称值差别一个 δ 值，则逐齿的每个读数均包含这一 δ 值，故第三栏最后

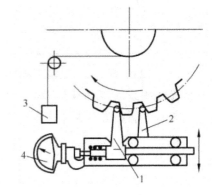

图 9 - 6　万能测齿仪测 F_p 与 f_{pt}

1—活动量角；2—定位脚；

3—重锤；4—指示表

一齿的累积值 $\displaystyle\sum_1^z f_{pt相对} = z\delta$，由此得

$$\delta = \sum_1^z f_{pt相对}/z = -36/18 \ \mu m = -2 \ \mu m$$

再将第二栏内的各读数减去 δ 值，便得第四栏内的各齿齿距偏差 f_{pti}。

再逐齿累积第四栏的齿距偏差，得第五栏内从零齿面起算的齿距累积总偏差 F_{pi}。由表 9 - 1 所示数据可得

$$F_p = (F_{pi})_{max} - (F_{pi})_{min} = [\ +15 - (\ -20\ )\ ] \ \mu m = 35 \ \mu m$$

表 9 - 1　齿距累积总偏差测量结果　　　　　　　　　　（单位：μm）

齿距左或右 (齿面)序号	读数(相对齿距偏差) $f_{pti相对}$	齿距相对累计误差 $\sum f_{pti相对}$	齿距偏差 $f_{pti} = f_{pti} - \delta$		齿距累计误差 $F_{pi} = \sum f_{pti}$
1	0	0	+2		+2
2	+1	+1	+3		+5
3	0	+1	+2		+7
4	+1	+2	+3		+10
5	+3	+5	+5		+15★
6	-7	-2		-5	+10
7	-4	-6		-2	+8
8	-7	-13		-5	+3
9	-6	-19		-4	-1
10	-3	-22		-1	-2
11	-5	-27		-3	-5
12	-8	-35		-6	-11
13	-8	-43		-6	-17
14	-5	-48		-3	-20★
15	+3	-45	+5		-15
16	+1	-44	+3		-12
17	+3	-41	+5		-7
18	+5	-36	+7		0
Σ	—	—	+35	-35	0

（2）作图法。以横坐标为齿序，纵坐标为表 9 - 1 所示第三栏的 $\sum f_{pti相对}$。绘出齿距相对误差折线，如图 9 - 7 所示。连接折线首末两点的斜线作为累积误差的相对坐标轴线，后从最高点 a 和最低点 b 分别作斜线的平行线，则两平行线之间沿纵坐标距离，即为齿距累积总偏差 F_p，$F_p = 35$ μm。

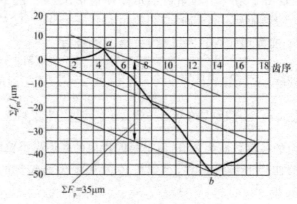

图 9 - 7　齿距累积总偏差作图曲线

实际测量 F_p 及 f_{pt} 时,因作图法比计算法简单、直观而被广泛采用。

2) 绝对测量法

图 9-8 所示为用指示表在齿轮分度圆上进行定位,用读数显微镜及分度盘进行读数,两相邻齿面定位后读出数值之差即为齿距偏差,最大正、负偏差之差即为齿距累积误差 F_p。

绝对法测量 F_p 不受测量误差累积的影响,可达很高精度,其测量精度主要取决于分度装置,缺点是检测麻烦费时,效率低,很少应用。

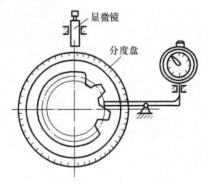

图 9-8　用绝对法测量 F_p 与 f_{pt}

4. 齿圈径向跳动 F_r

F_r 是指测头(球形、圆柱形、砧形)相继置于齿槽内时,从它到齿轮轴线的最大和最小径向距离之差,如图 9-9 所示。图中偏心量是径向跳动的一部分。

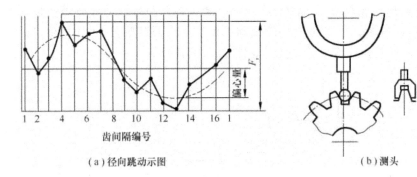

(a) 径向跳动示图　　　　　　　　　(b) 测头

图 9-9　径向跳动 F_r

F_r 主要是由几何偏心引起的。切齿时由于齿坯孔与心轴间有间隙 e,使两旋转轴线不重合而产生偏心。造成齿圈上各点到孔轴线距离不等,形成以齿轮一转为周期的径向长周期误差,齿距或齿厚也不均匀。当机床分度蜗轮具有运动偏心 e_k 时,该测量方法是揭露不出的(见图 9-2)。

此外,齿坯端面跳动也会引起附加偏心。

F_r 可用 40° 的锥形或槽形测头及球形、圆柱测头测量。测量时将测头放入齿槽,使测头与左、右齿郭在齿高中部接触,球测头直径 d 按下式求出:

$$d = 1.68m$$

式中　m——模数。

可用径向跳动检查仪、偏摆检查仪测量,如图 9-10 所示。此法测量效率低,适于小批生产。

5. 径向综合偏差 F_i''

F_i'' 是指在径向(双面)综合检验时,产品齿轮的左右齿面同时与测量齿轮接触、并转过一整圈时出现的中心距最大值和最小值之差,如图 9-11 所示。

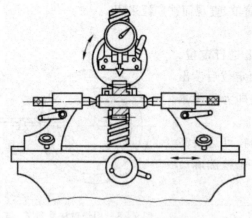

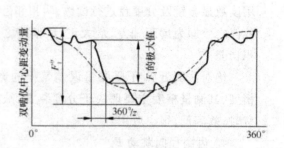

图 9 – 10 径向跳动的测量　　　　　　　　图 9 – 11 径向综合偏差 F_i''

F_i'' 主要反映了齿坯偏心和刀具安装、调整造成的齿厚、齿廓偏差、基节齿距偏差,使啮合中心距发生变化,此属齿轮径向综合偏差的长周期误差。

F_i'' 用双面啮合仪测量,在图 9 – 12 所示。被测齿轮与标准齿轮各装于固定和浮动滑板的轴上,双面啮合由误差 F_i'' 产生中心距变动。该仪器简便高效,适于大批生产。但其反映双面啮合时的径向误差,与齿轮实际的工作状态几乎相符合。

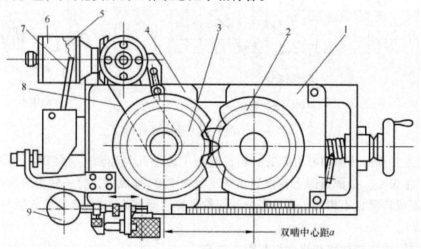

图 9 – 12 双面啮合仪测量 F_i''

1—固定拖板;2—被测量齿轮;3—测量齿轮;4—浮动滑板;
5—误差曲线;6—记录纸;7—划针;8—传送带;9—指示表

6. 公法线长度变动 ΔF_w

ΔF_w 是指在齿轮一周范围内,实际公法线长度最大值与最小值之差(见图 9 – 13),$\Delta F_w = W_{kmax} - W_{kmin}$。

W_k 是指 k 个齿的异侧齿廓间的公共法线长度的公称值,此长度可由查表或用下式算出(见图 9 – 14)。

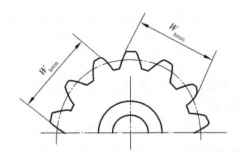

图 9 - 13　公法线长度变动量 ΔF_w

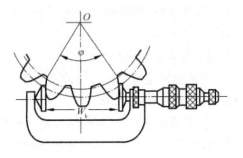

图 9 - 14　用公法线千分尺测量 $\Delta F_w''$

$$W_k = m[1.476(2k - 1) + 0.014z]$$

式中　m——模数（mm）；

　　　k——测量跨齿数，$k = z/9 + 0.5$；

　　　z——齿轮齿数。

ΔF_w 是由机床分度蜗轮偏心，使齿坯速不均匀，引起齿面左右切削不均所造成的齿轮切向长周期误差。即用 ΔF_w 来揭示运动偏心 e_k。

ΔF_w 通常用公法线千分尺或公法线指示卡规测量，如图 9 - 14 所示。

国家标准（GB/T 10095—2001）中规定，无 ΔF_w 偏差项目，由于齿轮加工时，ΔF_w 用公法线千分尺可在机测量（不用卸下齿轮工件），不仅方便，且因测量为直线值（与 $\Delta F_i'$、ΔF_p 比较）精度高；由式 $W_k = (k - 1)p_b + S_b$ 知，公法线长度变动包含了基圆齿距 p_b 和基圆齿厚 S_b 对 ΔF_w 的影响。所以生产中用 ΔF_w 值作为制齿工序完成的依据。

因此，在设计和工艺图样中，应对 ΔF_w 给予关注。

对于 10 ~ 12 级低精度齿轮，由于齿轮机床已有足够精度，因此只检 F_r 一项，而不必检验 ΔF_w。

9.3.2　影响传动平稳性的误差及测量

引起齿轮瞬时传动比变化，属短周期误差，共五项指标，即 f_i'、f_i''、F_a、f_{pb}、f_{pt}。

1. 一齿切向综合偏差 f_i'

f_i' 是指被测齿轮与理想精确的测量齿轮单面啮合时，在被测齿轮一个齿距内的综合偏差。以分度圆弧长计值，即图 9 - 2 所示曲线上，小波纹的最大幅度值。

f_i' 主要反映由刀具制造和安装误差及机床分度蜗杆安装、制造误差所造成的齿轮短周期综合误差。f_i' 能综合反映转齿和换齿误差对传动平稳性的影响；f_i' 越大、转速越高，传动越不平稳，噪声振动也越大。

f_i' 的测量仪器与测量 F_i' 相同，在单啮仪上测量，如图 9 - 3 所示。

2. 一齿径向综合偏差 f_i''

f_i'' 是指被测齿轮与理想精确的测量齿轮双面啮合时，在被测齿轮一个齿距角 $360°/z$ 内，双啮中心距的最大变动量，如图 9 - 11 所示。

f_i'' 主要反映由刀具制造和安装误差（例如刀具的齿距，齿形误差及偏心等）所造成的齿轮径向短周期综合误差，但不能反映机床传动链的短周期误差引起的齿轮切向的短周期误差。

f_i'' 的优缺点及测量仪器与 F_i'' 相同,在双啮仪同时测得。其曲线中高频波纹的最大幅值即为 f_i''。

3. 齿廓总偏差 F_α

齿廓偏差是指实际齿廓偏离设计齿廓的量,该量的端面内且垂直于渐开线齿廓的方向计值。有齿廓总偏差 F_α 和齿廓形状偏差、齿廓倾斜偏差。

F_α 是指在计值范围内,包括实际齿廓迹线的两条设计齿廓迹线间的距离,如图 9 – 15 所示。除齿廓总偏差 F_α 外,由于齿廓的形状偏差和倾斜偏差均属非必检项目,不赘述。

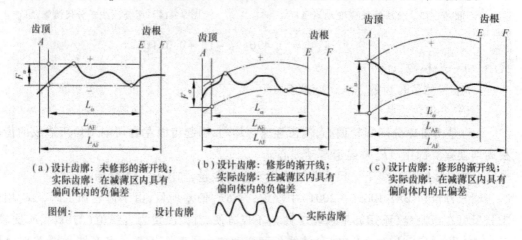

图 9 – 15 齿廓总偏差 F_α

A—轮齿齿顶或倒角的起点;E—有效齿廓起始点;F—可用齿廓起始点;
L_{AF}—可用长度;L_{AE}—有效长度

设计齿廓是指符合设计规定的齿廓。无其他限定时,指端面齿廓在端面曲线图中,未经修形的渐开线齿廓迹线一般为直线。齿廓迹线若偏离了直线,真偏离量即表示与被检齿轮的基圆所展成的渐开线的偏差。齿廓计值范围 L_α 等于从有效长度 L_{AE} 的顶端和倒棱处减去 8%。

齿廓总偏差是由于刀具设计的制造误差和安装误差及机床传动链误差等引起的。此外,长周期误差对齿形精度也有影响。

齿廓总偏差对传动平稳性的影响,如图 9 – 16 所示。啮合齿 A_1 和 A_2 应在啮合线上的点 a 接触,由于齿 A_2 有齿形误差,使接触点偏离了啮合线在点 a' 发生啮合,从而引起瞬时传动比的突变,破坏了传动的平稳性。

F_α 的测量通常使用单盘式或万能式渐开线检查仪及齿轮单面啮合整体误差测量仪。其原理是利用精密机构发生正确的渐开线与实际齿廓进行比较确定齿廓总偏差。图 9 – 17 所示为单盘渐开线检查仪原理图。被测齿轮 2 与一直径等于该齿轮基圆直径的基圆盘 1 同轴安装。转动手轮 6,丝杠 5 使滑板 7 移动,直尺 3 与基圆盘在一定的接触的压力下作纯滚动。杠杆 4 一端为测头与齿面接触,另一端与表指示 8 相连。直尺 3 与基圆盘 1 接触点在其切平面上。滚动时,测量头与齿廓相对运动的轨迹应是正确的渐开线。若被测齿廓不是理想渐开线,则测头摆动经杠杆 4 在指示表 8 上读出 F_α。

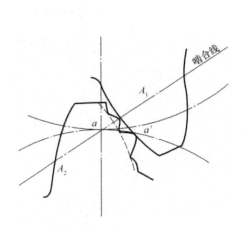

图 9 - 16 有齿形误差时的啮合情况

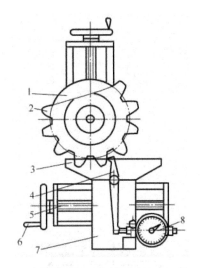

图 9 - 17 用单盘渐开线检查仪器测量
1—基圆盘；2—被测齿轮；3—直尺；4—杠杆；
5—丝杆；6—手轮；7—滑板；8—指示表

单盘式渐开线仪器，由于齿轮基圆不同使基圆盘数量增多，故只适于成批生产的齿轮检验。万能式可测不同基圆大小的齿轮而不需更换基圆盘。但其结构复杂，价格较贵，适用多品种小批量生产。

对 F_α 的测量，应至少在圆周三等分处，三个齿的两侧齿面进行。

4. 基圆齿距偏差 f_{pb}

f_{pb} 是指实际基圆齿距与公称基圆齿距之差，如图 9 - 18 所示。$f_{pb} = \pi m \cos\alpha$，公称值可由计算或查表求得。

f_{pb} 主要是由于齿轮滚刀的齿距偏差及齿廓偏差；齿轮插刀的基圆齿距偏差及齿廓偏差造成的。

滚、插齿时，齿轮基圆齿距两端点是由刀具相邻齿同时切出的。故与机床传动链误差无关。而在磨齿时，则与机床分度机构误差及基圆半径调整有关。

f_{pb} 对传动的影响是由啮合的基圆齿距不等引起的。理想的啮合过程中，啮合点应在理论啮合线上。当基圆齿距不等时，在轮齿交接过程中，啮合点将脱离

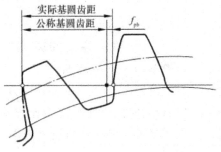

图 9 - 18 基圆齿距偏差 f_{pb}

啮合线。若 $P_{b2} < P_{b1}$，将出现齿顶啮合现象，如图 9 - 19（a）所示；若 $P_{b2} > P_{b1}$，则后续齿将提前进入啮合，如图 9 - 19（b）所示。故瞬时传动比将发生变化，影响齿轮传动的平稳性。

基节偏差通常用基圆齿距仪（见图 9 - 20）或万源测齿仪测量，基圆齿距仪测量的优点，可在机测量。避免其他同类仪器测量，因脱机后齿轮重新"对刀"、"定位"的问题，先用装在特殊量爪 2、4 间的量块组 3（尺寸等于公称基圆齿距），把测头 1 和 5 间的距离调整好如图 9 - 20（a）所示；旋转螺钉 6，调整到公称基圆齿距且指示表 7 调零，即可对轮齿进行比较测量，如图 9 - 20（b）所示。

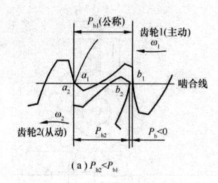

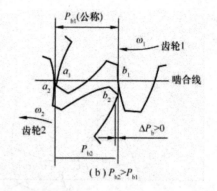

（a）$P_{b2} < P_{b1}$ 　　　　　　　（b）$P_{b2} > P_{b1}$

图 9 – 19　基圆齿距偏差对传动的影响

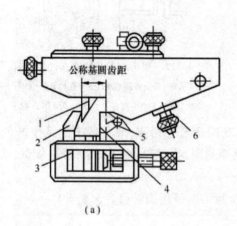

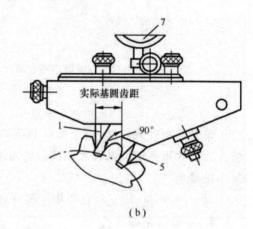

（a）　　　　　　　　　　　　　　（b）

图 9 – 20　基圆齿距仪测量 f_{pb}

1、5—测头；2、4—量爪；3—量块组；6—螺钉；7—指示表

5. 单个齿距偏差 f_{pt}

f_{pt} 是指在端面上，在接近齿高中部的一个与齿轮轴线同心的圆上，实际齿距与理论齿距的代数差，如图 9 – 21 所示。

滚齿加工时，f_{pt} 主要是由分度蜗杆跳动及轴向窜动，即机床传动链误差造成的。所以，f_{pt} 可以用来揭示传动链的短周期误差或加工中的分度误差，属单项指标。

测量方法及使用仪器与 F_p 测量相同。f_{pt} 需对轮齿的两侧面进行测量。

影响齿轮传动平稳性的误差是齿轮一转中多次重复出现的短周期误差，应包括转齿及换齿误差，能同时揭示转齿与换齿误差的是 f_i' 和 f_i''。

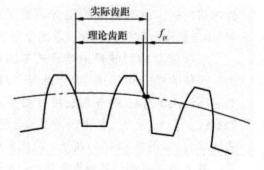

图 9 – 21　齿距偏差 f_{pt}

单项指标需组合成为，既有转齿误差又有换齿误差的综合性组合后应用，例如转齿性指标（F_α、f_{pt}）；换齿性指标（f_{pb}、f_{pt}）进行的组合。

需要注意的是，f_i' 是评定齿轮传动平稳性精度的综合指标。对于直齿轮，f_i' 是由基圆齿距偏差和齿廓总偏差引起的。当用单项指标评定直齿轮精度时,各种切齿方法均适于 F_α 与 f_{pt} 这组指标。对仿形法磨齿或范成法单齿分度磨齿,因 f_{pb} 直接与 f_{pt} 相关,同样可采用 F_α 与 f_{pb} 的组合。对修缘齿轮,则应选用 F_α 与 f_{pt} 这组指标。对于直径较大或低于 7 级精度的齿轮,因受到渐开线检查仪测量范围的限制,应选用 f_{pt} 与 f_{pb} 这组指标。

由于齿距 P_t 与圆齿距节 P_b 的关系为

$$P_b = P_t \cos\alpha$$

微分后得 $f_{pb}' = f_{pt}' \cos\alpha - P_t \alpha' \sin\alpha$

上式表达了齿距偏差、基节偏差及压力角误差 $\Delta\alpha$ 之间的关系,压力角误差要反映在齿廓偏差中,所以,用 F_α 与 f_{pb} 为一组和 F_α 与 f_{pt} 为一组,均可同样评定传动平稳性精度。

9.3.3　影响载荷分布均匀性的误差及测量

1. 螺旋线偏差

(1) 图 9 – 22(a)所示的螺旋线为未修形的螺旋线,实际螺旋线在减薄区内具有偏向体内的负偏差。

(2) 图 9 – 22(b)所示的设计螺旋线为修形的螺旋线,实际螺旋线在减薄区内具有偏向体内的负偏差。

(3) 图 9 – 22(c)所示的设计螺旋线为修形的螺旋线,实际螺旋线在减薄区内具有偏向体外的正偏差。

在端面基圆切线方向上测得的实际螺旋线偏离设计螺旋线的量称为螺旋线偏差,如图 9 – 22 所示。设计螺旋线为符合设计规定的螺旋线。螺旋线曲线图包括实际螺旋线迹线、设计螺旋线迹线和平均螺旋线迹线。螺旋线计值范围 L_β 等于迹线长度两端各减去 5% 的迹线长度,但减去量不超过一个模数。

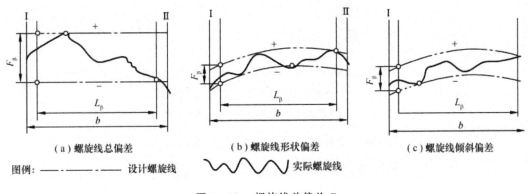

|（a）螺旋线总偏差 | （b）螺旋线形状偏差 | （c）螺旋线倾斜偏差 |

图例：———— 设计螺旋线　　〜〜〜〜 实际螺旋线

图 9 – 22　螺旋线总偏差 F_β

螺旋线偏差包括螺旋线总偏差、螺旋线形状偏差和螺旋线倾斜偏差,它影响齿轮啮合过程中的接触状况,影响齿面载荷分布的均匀性。螺旋线偏差用于评定轴向重合度 $\varepsilon_\beta > 1.25$ 的宽斜齿轮及人字齿轮,它适用于大功率、高速高精度宽斜齿轮传动。

2. 螺旋线总偏差 F_β

在计值范围内,包容实际螺旋线迹线的两条设计螺旋线迹线间的距离(见图 9 – 22)。可在螺旋线检查仪上测量未修形螺旋线的斜齿轮螺旋线偏差。对于渐开线直齿圆柱齿轮,螺旋

角 $\beta = 0$，此时 F_β 称为齿向偏差。螺旋线总公差 F_β 是螺旋线总偏差的允许值。

螺旋线总偏差 F_β 主要由机床导轨倾斜，夹具和齿坯安装误差引起，如图 9-23 和图 9-24 所示。对斜齿轮还与附加运动链的调整误差有关。

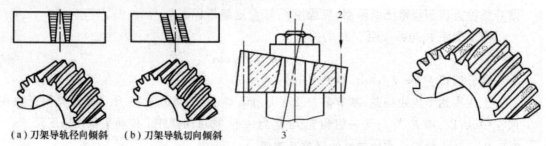

图 9-23　刀架导轨倾斜产生的齿向误差　　　　图 9-24　齿坯基准端面跳动产生的齿向误差

测量低于 8 级的直齿圆柱齿轮向偏差最简单的方法如图 9-25(a)所示。将小圆棒 2（$d \approx 1.68\ m$）放入齿间内，用指示表 3 在两端测量读数差，并按齿宽长度折算缩小，即为齿向误差值。也可用图 9-25(b)所示方法测量，即调整杠杆百分表 4 的测头处于齿面的最高位置，在两端的齿面上接触并移进移出，两端最高点的读数差即是 F_β。

斜齿轮的齿向误差可在导程仪、螺旋角检查仪或齿向仪上测量，螺旋线偏差应于少测量均分圆周三个齿的两侧齿面。

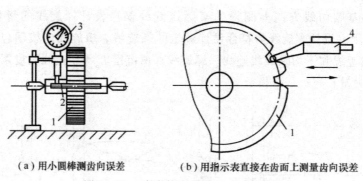

（a）用小圆棒测齿向误差　　　　　（b）用指示表直接在齿面上测量齿向误差

图 9-25　直齿轮齿向误差 F_β 的测量

1—被测齿轮；2—小圆棒；3—指示表；4—杠杆百分表

螺旋线形状偏差和倾斜偏差均不是必检项目，不再赘述。

9.3.4　影响齿轮副侧隙的偏差及测量

保证齿轮副侧隙，是传动正常工作的必要条件。在加工齿轮时要适当地减薄齿厚，齿厚的检验项目共有两项。

1. 齿厚偏差 E_{sn}

其中，齿厚上偏差 E_{sns}、下偏差 E_{sni}、齿厚公差 T_{sn}。

E_{sn} 是指在分度圆柱面上，齿厚的实际值与公称齿厚值之差。对于斜齿轮，指法向齿厚、如图 9-26 所示。

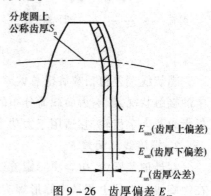

图 9-26　齿厚偏差 E_{sn}

按定义,齿厚是以分度圆弧长(弧齿厚)计值,而测量时则以弦长(弦齿厚)计值。为此,要计算与之对应的公称弦齿厚。

对非变位的直齿轮,公称弦齿厚 $\overline{S}$ 为

$$\overline{S} = mz\sin\frac{90°}{z}$$

公称弦齿高 $\overline{h}_a$ 为

$$\overline{h}_a = m + \frac{zm}{2}\left(1 - \cos\frac{90°}{z}\right)$$

为简便,齿轮的 $\overline{S}$ 及 $\overline{h}_a$ 均可由手册查取。

测量齿厚是以齿顶圆为基准,测量结果受齿顶圆精度影响较大,此法仅适用于精度较低,模数较大的齿轮。因此,需提高齿顶圆精度或改用测量公法线平均长度偏差的办法。

用齿厚游标卡尺测量 E_{sn},如图 9-27 所示。

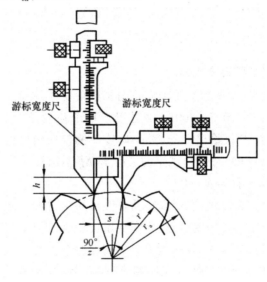

图 9-27　分度圆弦齿厚偏差 E_{sn} 的测量

由于齿厚偏差 E_{sn} 在新标准(GB/T 18620—2002)中未推荐数值,仍可用旧标准(GB/T 10095—1988)规定齿厚偏差 ΔE_s 的 14 个字母代号。

2. 公法线长度偏差 E_{bn}

其中,上偏差 E_{bns}、下偏差 E_{bni}、公差 T_{bn}。

E_{bn} 是在齿轮一周内,公法线长度的平均值与公称值之差。公法线长度平均值应在齿轮圆周上六个部位测取实际值后,取其平均值 $\overline{W}_k$,公法线长度公称值 W_{kn} 可用有关手册查取,不必计算。

E_{bn} 不同于公法线长度变动量 ΔF_w。E_{bn} 是反映齿厚减薄量的另一种方式。而 ΔF_w 则反映齿轮的运动偏心,属传递运动准确性误差。

公法线长度偏差 E_{bn} 之所以能代替齿厚偏差 E_{sn},在于公法线长度内包含有齿厚的影响。它与 E_{sn} 的关系为

$$E_{bn} = E_{sn}\cos\alpha$$

由于测量 E_{sn} 使用公法线千分尺,不以齿顶圆定位,测量精度高,是比较理想的方法。

在图样上标注公法线长度的公称值 W_{kthe} 和上偏差 E_{bns}、下偏差 E_{bni}。若其测量结果在上、下偏差范围内,即为合格。因为齿轮的运动偏心会影响公法线长度,使公法线长度不相等。为了排除运动偏心对其长度的影响,故应取平均值,如图 9 – 28 所示。

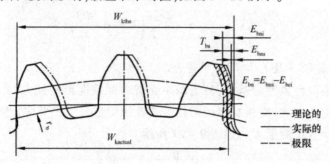

图 9 – 28　公法线长度偏差 E_{bn} 及上偏差 E_{bns}、下偏差 E_{ni}

9.3.5　齿轮副的误差项目及检测

为了保证传动质量,除了控制单个齿轮的制造精度外,还需对产品齿轮副可能出现的误差加以限制,由于(GB/T 10095—2001)仅适用于单个齿轮不包括齿轮副;而(GB/T 18620—2002)中对传动总误差 F_i' 仅给出符号,对一齿传动偏差仅给出代号。若对产品齿轮有该两项要求时,仍按(GB/T 10095—1988)规定的 $\Delta F_{ic}'$ 和 $\Delta f_{ic}'$ 执行。

1. 齿轮副的切向综合误差 $\Delta F_{ic}'$

$\Delta F_{ic}'$ 是指安装好的齿轮副,在啮合转动足够多的转数内,一个齿轮相对于另一个齿轮的实际转角与公称转角之差的总幅度值,以分度圆弧长计值。$\Delta F_{ic}'$ 主要影响传递运动准确性。

齿轮副的切向综合公差 F_{ic}' 等于两齿轮的切向综合公差 F_i' 之和。当两齿轮的齿数比为不大于 3 的整数,且采用选配时,F_{ic}' 应比计算值压缩 25% 或更多。

2. 齿轮副的一齿切向综合误差 $\Delta f_{ic}'$

$\Delta f_{ic}'$ 是指安装好的齿轮副,在啮合足够多的转数内,一个齿轮相对于另一个齿轮,一个齿距内的实际转角与公称转角之差的最大幅度。以分度圆弧长计值。$\Delta f_{ic}'$ 主要影响传动平稳性。

齿轮副的一齿切向综合公差 f_{ic}' 等于两个齿轮的一齿切向综合公差 f_i' 之和。

3. 齿轮副的接触斑点

指装配(在箱体或实验台上)好的齿轮副,在轻微的制动下,运转后的齿面上分布的接触擦亮痕迹,如图 9 – 29 所示。

按触斑点可以沿齿高方向和齿长方向的百分数表示,所以是一个特殊的非几何量的检验项目。该表描述的是最好接触斑点,不能作为齿轮精度等级的替代方法。

图 9 – 29　接触斑点分布的示意图

图 9 – 29 所示为对于齿廓或螺旋线修形的齿面不适用。对于重要的齿轮副或对齿廓或螺旋线修形的齿轮,可以在图样中规定所需的接触斑点的位置、形状和大小。

此项主要反映载荷分布的均匀性,检验时应使用滚动检验机,综合反映加工误差和安装误差对载荷分布的影响。

(GB/T 18620.1—2002)中,要求接触斑点印痕涂料,应使用蓝色印痕涂料或其他专门涂料;且能确保油膜厚度在 0.006 ~ 0.012 mm。

标准规定不得用红丹粉,但可用国内生产的 CT1 或 CT2 齿轮接触涂料(原机械部上海材料研究所生产)用着色法代替接触擦亮痕迹法。

4. 齿轮副的侧隙

齿轮副侧隙是指两相啮轮工作面接触时,在非工作齿面间形成的间隙,如图 9 – 30 所示。

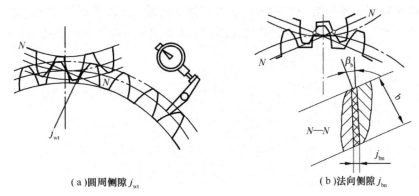

(a)圆周侧隙 j_{wt}　　　　　　　　　(b)法向侧隙 j_{bn}

图 9 – 30　齿轮副圆周侧隙 j_{wt} 和法向侧隙 j_{bn}

侧隙分为以下三种:

1) 圆周侧隙 j_{wt}

圆周侧隙是指两相啮合齿轮中的一个齿轮固定时,另一个齿轮能转过的节圆弧长的最大值,如图 9 – 30(a)所示。可用指示表测量。

(1) 最小侧隙 j_{wtmin}:节圆上的最小圆周侧隙。即具有最大允许实效齿厚的两个配对齿轮相啮合时,在静态条件下,在最紧允许中心距时的圆周侧隙。最紧中心距对外齿轮是指最小的中心距。

(2) 最大侧隙 j_{wtmax}:节圆上的最大圆周侧隙。即具有最小允许实效齿厚的两个配对齿轮相啮合时,在静态条件下,在最大允许中心距时的圆周侧隙。

2) 法向侧隙 j_{bn}

法向侧隙是指两相啮合齿轮工作齿面接触时,在两非工作齿面间的最短距离。

$$j_{bn} = j_{wt}\cos\alpha_{wt}\cos\beta_b$$

式中　α_{wt}——端面分圆压分角;

β_b——基圆螺旋角。

测量圆周侧隙或法向侧隙是等效的,j_{bn} 可用塞尺或压铅丝后测其厚值。

3) 径向侧隙 j_r

将两相啮合齿轮的中心距缩小,直到其左右两齿面都相接触时,这个缩小量即为径向侧隙。

$$j_r = j_{wt}/2\tan\alpha_{wt}$$

如果以上四项要求均能满足,则此齿轮副即认为合格。

5. 齿轮副的中心距偏差 f_a

齿轮副的中心距偏差是指在齿轮副的齿宽中间平面内,实际中心距与公称中心距之差。

公称中心距是在考虑了最小侧隙及两齿轮齿顶和其相啮合的非渐开线齿廓齿根部分的干涉后确定的。因国家标准(GB/T 18620.3—2002)中未给出中心距离偏差值,仍用旧标准(GB/T 10095—1988)的中心距极限偏差 $\pm f_a$ 表中数值。

中心距的变动,影响齿侧间隙及啮合角的大小,将改变齿轮传动时的受力状态。

中心距的测量,可用卡尺,千分尺等普通量具。

6. 轴线平行度偏差

轴线平行度偏差是指一对齿轮的轴线在两轴线的"公共平面"或"垂直平面"内投影的平行度偏差。平行度偏差用轴支撑跨距 L("轴承中间距"L)相关联的值表示,如图 9–31 所示。

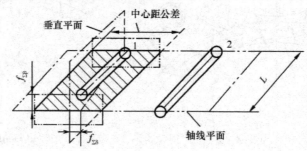

图 9–31 轴线平行度偏差

1)轴线平面内的轴线平行度偏差 $f_{\Sigma\delta}$

是指一对齿轮的轴线在两轴线的公共平面内投影的平行度偏差。偏差最大值推荐值为

$$f_{\Sigma\delta} = (L/b)F_\beta$$

2)垂直平面内的轴线平行度偏差 $f_{\Sigma\beta}$

是指一对齿轮的轴线在两轴线公共平面的垂直平面上投影的平行度偏差。偏差的最大值推荐值为

$$f_{\Sigma\beta} = 0.5(L/b)F_\beta$$

轴线的公共平面是用两轴承跨距较长的一个 L 与另一根轴的一个轴承来确定,若两轴承跨度相同,则用不齿轮轴与大齿轮轴的一个轴承来确定。

平行度偏差主要影响侧隙及接触精度,偏差值与轴的支撑跨距 L 及齿宽有关。

9.4 渐开线圆柱齿轮精度标准及其应用

9.4.1 使用范围

国家标准《轮齿同侧齿面偏差的定义和允许值》(GB/T 10095.1—2001)、《径向综合偏差和径向跳动的定义和允许值》(GB/T 10095.2～2001)、《圆柱齿轮检验实际规范》(GB/T

18620. 1 ~ 2002—GB/T 18620. 4—2002)适用于法向模数 $m_n \geq 0.2 \sim 10, d \geq 5 \sim 1000$ 的 F'' 和 f'' 以及 $m_n \geq 0.5 \sim 70$,分度圆直径 $d \geq 5 \sim 10\ 000$,齿宽 $b \geq 4 \sim 1000$ 的渐开线圆柱齿轮。

9.4.2　精度等级

国家标准对渐开线圆柱齿轮除 F_i'' 和 f_i''(F_i'' 和 f_i'' 规定了 4 ~ 12 共九个精度等级)以外的评定项目规定了 0,1,2,3,…,12 共 13 个精度等级,其中 0 级精度最高,12 级精度最低。在齿轮的 13 个精度等级中,0 ~ 2 级一般的加工工艺难以达到,属于未来发展级;3 ~ 5 级为高精度级;6 ~ 9 级为中等精度级,使用最广;10 ~ 12 级为低精度级。

9.4.3　精度等级的选择

齿轮精度等级的选择应考虑齿轮传动的用途、使用要求、工作条件以及其他技术要求,在满足使用要求的前提下,应尽量选择较低精度的公差等级。对齿轮工作和非工作齿面可规定不同的精度等级,或对于不同的偏差可规定不同的精度等级,也可仅对工作齿面规定要求的精度等级。精度等级的选择方法有计算法和类比法。

1. 计算法

计算法是根据整个传动链的精度要求,通过运动误差计算确定齿轮的精度等级;或者已知传动中允许的振动和噪声指标,通过动力学计算确定齿轮的精度等级;也可以根据齿轮的承载要求,通过强度和寿命计算确定齿轮的精度等级。计算法一般用于高精度齿轮精度等级的确定中。

2. 类比法

类比法是根据生产实践中总结出来的同类产品的经验资料,经过对比选择精度等级。在实际生产中,类比法较为常用。

表 9 - 2 所示为各类机械中齿轮精度等级的应用范围,表 9 - 3 所示为齿轮精度等级与圆周速度的应用范围,选用时可作参考。

表 9 - 2　各类机械中齿轮精度等级的应用范围

应用范围	精度等级	应用范围	精度等级
测量齿轮	2 ~ 5	航空发动机	4 ~ 7
透平减速器	3 ~ 6	拖拉机	6 ~ 9
金属切削机床	3 ~ 8	通用减速器	6 ~ 8
内燃机车	6 ~ 7	轧钢机	5 ~ 10
电气机车	6 ~ 7	矿用绞车	8 ~ 10
轻型汽车	5 ~ 8	起重机械	6 ~ 10
载重汽车	6 ~ 9	农业机器	8 ~ 10

表 9 - 3　齿轮精度等级与圆周速度的应用范围

精度等级	应 用 范 围	圆周速度/(m/s)	
		直齿	斜齿
4	高精度和精密分度机构的末端齿轮	>30	>50
	极高速的透平齿轮		>70
	要求极高的平稳性和无噪声的齿轮	>35	>70
	检验 7 级精度齿轮的测量齿轮		

精度等级	应用范围	圆周速度/(m/s)	
		直齿	斜齿
5	高精度和精密分度机构的中间齿轮	>15~30	>30~50
	很高速的透平齿轮,高速重载,重型机械的进给齿轮		>30
	要求高的平稳性和无噪声的齿轮	>20	>35
	检验8、9级精度齿轮的测量齿轮		
6	一般分度机构的中间齿轮,3级和3级以上精度机床中的进给齿轮	>10~15	15~30
	高速、高效率、重型机械传动中的动力齿轮		<30
	高速传动中的平稳性和无噪声齿轮	≤20	≤35
	读数机构中精密传动齿轮		
7	4级和4级以上精度机床中的进给齿轮	>6~10	>8~15
	高速与适度功率下或适度速度与大功率下的动力齿轮	<15	<25
	有一定速度的减速器齿轮,有平稳性要求的航空齿轮、船舶和轿车的齿轮	≤15	≤25
	读数机构齿轮,具有非直齿的速度齿轮		
8	一般精度机床齿轮	<6	<8
	中等速度较平稳工作的动力齿轮,一般机器中的普通齿轮	<10	<15
	中等速度较平稳工作的汽车、拖拉机和航空齿轮	≤10	≤15
	普通印刷机中齿轮		
9	用于不提出精度要求的工作齿轮	≤4	≤6
	没有传动要求的手动齿轮		

9.4.4 评定参数的公差值与极限偏差的确定

国家标准(GB/T 10095.1—2001、GB/T 10095.1—2002)中规定,各评定参数允许值是以5级精度规定的公式乘以及间公比计算出来的。两相邻精度等级的级间公比等于$\sqrt{2}$,5级精度未圆整的计算值乘以$2^{0.5(Q-5)}$,即可得到任一精度等级的待求值,式中Q是待求值的精度等级数。计算时,公式中的法向模数m_n、分度圆直径d、齿宽b应取各分段界限值的几何平均值(公式略)。

由有关公式计算并圆整得到的各评定参数公差或极限偏差数值参考国家标准(GB/T 10095.1—2001、GB/T 10095.1—2002)中的数据,设计时可以根据齿轮的精度等级、模数、分度圆直径或齿宽选取。

9.4.5 齿轮副侧隙和齿厚极限偏差的确定

1. 齿轮副侧隙

齿轮副侧隙是一对齿轮装配后自然形成的。侧隙需要量值的大小与齿轮的精度、大小及工作条件有关。为了获得必要的侧隙,通常采用调节中心距或减薄齿厚的方法。设计时选取的齿轮副的最小侧隙,必须满足正常储存润滑油、补偿齿轮和箱体温升引起的变形的需要。

箱体、轴和轴承的偏斜,箱体的偏差和轴承的间隙导致的齿轮轴线的不对准和歪斜,安装误差,轴承的径向跳动,温度的影响,旋转零件的离心胀大等因素都会影响到齿轮副最小侧隙

j_{bnmin}。对于齿轮和箱体都为黑色金属,工作时节圆线速度小于 15 m/s,轴和轴承都采用常用的商业制造公差的齿轮传动,齿轮副最小侧隙可用下式计算:

$$j_{bnmin} = \frac{2}{3}(0.06 + 0.0005a_i + 0.03m_n)$$

式中　a_i——传动的中心距,取绝对值,单位为 mm。

2. 齿厚的极限偏差

1) 齿厚上偏差

齿厚上偏差必须保证齿轮副工作时所需的最小侧隙。当齿轮副为公称中心距且无其他误差影响时,两齿轮的齿厚偏差与最小侧隙存在如下关系:

$$j_{bnmin} = |E_{sns1} + E_{sns2}|\cos\alpha_n$$

式中　α_n——法向齿形角。

若主动轮与从动轮取相同的齿厚上偏差,则

$$E_{sns1} = E_{sns2} = -\frac{j_{bnmin}}{2\cos\alpha_n}$$

2) 齿厚下偏差

齿厚下偏差可以根据齿厚上偏差和齿厚公差求得。齿厚公差的计算式为

$$T_{sn} = \sqrt{F_r^2 + b_r^2} \times 2\tan\alpha_n$$

式中　F_r——径向跳动公差;

　　　　b_r——切齿径向进刀公差,可由表 9-4 所示数据进行选取。

齿厚的下偏差为

$$E_{sni} = E_{sns} - T_{sn}$$

表 9-4　切齿径向进刀公差 b_r

齿轮的精度等级	4	5	6	7	8	9
b_r	1.26IT7	IT8	1.26IT8	IT9	1.26IT9	IT10

3. 公法线长度极限偏差

在实际生产中,常用控制公法线长度极限偏差的方法来保证侧隙。公法线长度极限偏差和齿厚偏差存在如下关系:

公法线长度上偏差:　　　　　$E_{bns} = E_{sns}\cos\alpha_n$

公法线长度下偏差:　　　　　$E_{bni} = E_{sni}\cos\alpha_n$

9.4.6　检验项目的选择

国家标准(GB/T 10095.1—2002)中规定齿距累积偏差 F_P、齿距累积偏差 F_{pk}、单个齿距偏差 f_{pt}、齿廓总偏差 F_α、螺旋线总偏差 f_β、齿厚偏差 E_{sn} 或公法线长度极限偏差 E_{bn} 是齿轮的必检项目,其余的非必检项目由采购方和供货方协商确定。

检验项目的选择主要考虑齿轮的精度等级、生产批量、尺寸规格、检验的目的以及检验的设备等因素。在选择检验项目时,建议供需双方依据齿轮的功能要求和生产批量,从以下推荐的检验组中选取一组。

(1) F_p、F_α、F_r、F_β、E_{sn} 或 E_{bn}(5~8 级);

(2) F_{pk}、F_α、f_{pt}、F_r、F_β、E_{sn} 或 E_{bn}(3~6 级);

(3) f_{pt}、F_P、F_α、F_r、F_β、E_{sn} 或 E_{bn}（5~8 级）；

(4) F_i''、f_i''、F_β、E_{sn} 或 E_{bn}（5~9 级）；

(5) F_i'、f_i'、F_β、E_{sn} 或 E_{bn}（3~8 级）；

(6) f_{pt}、F_r、E_{sn} 或 E_{bn}（10~12 级）。

9.4.7　齿坯精度

齿轮的传动质量与齿坯的精度有关。齿坯的尺寸偏差、形状误差和表面质量对齿轮的加工、检验及齿轮副的接触条件和运转状况有很大的影响。为了保证齿轮的传动质量,就必须控制齿坯精度,以使加工的轮齿精度更易保证。

1. 确定齿轮基准轴线的方法

有关齿轮轮齿精度(齿廓偏差、相邻齿距偏差等)的参数的数值,只有明确其特定的旋转轴线时才有意义。当测量时,齿轮围绕其旋转的轴线如有改变,则这些参数测量值也将改变。因此,在齿轮的图纸上必须把规定轮齿公差的基准轴线明确表示出来。

齿轮的基准轴线是制造者(和检测者)用来确定轮齿几何形状的轴线,是由基准面中心确定的。设计时应使其准轴线和工作轴线重合。确定齿轮基准轴线的方法有以下三种:

(1) 用两个"短的"圆柱或圆锥形基准面上设定的两个圆的圆心来确定轴线上的两个点,如图 9 – 32 所示。

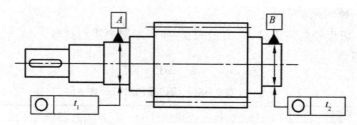

图 9 – 32　确定齿轮基准轴线的方法 1

(2) 用一个"长的"圆柱或圆锥形基准面来同时确定轴线的位置和方向。孔的轴线可以用与之相匹配正确装配的工作心轴的轴线来代表,如图 9 – 33 所示。

(3) 轴线位置用一个"短的"圆柱形基准面上一个圆的圆心来确定,其方向则用垂直于此轴线的一个基准端面来确定,如图 9 – 34 所示。

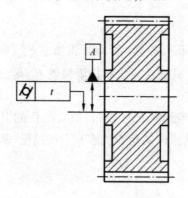

图 9 – 33　确定齿轮基准轴线的方法 2

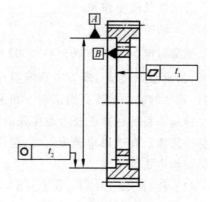

图 9 – 34　确定齿轮基准轴线的方法 3

2. 齿坯公差规定

新的国家标准没有规定齿坯公差,设计时可参照旧的国家标准(GB 100095—1988),如表 9 - 5 所示。

表 9 - 5　齿 坯 公 差

齿轮精度		5	6	7	8	0
孔	尺寸公差	IT5	IT6		IT7	IT8
	几何公差	IT5	IT6		IT7	IT8
轴	尺寸公差		IT5		IT6	IT7
	几何公差		IT5		IT6	IT7
顶圆直径公差		IT7		IT8		IT9

注:当顶圆不作为测量基准时,其尺寸公差按 IT11 给定,但不大于 0.1 mm。

齿轮的形状公差及基准面的跳动公差在国家标准中作了规定,可按表 9 - 6 及表 9 - 7 所示数据选取。

表 9 - 6　基准面和安装面的形状公差

确定轴线的基准面	公 差 项 目		
	圆度	圆柱度	平面度
两个"短的"圆柱或圆锥形基准面	$0.04(L/b)F_\beta$ 或 $0.1F_p$ 取两者中之小值		
一个"长的"圆柱或圆锥形基准面		$0.04(L/b)F_\beta$ 或 $0.1F_p$ 取两者中之小值	
一个"短的"圆柱面和一个端面	$0.06F_p$		$0.06(D_d/b)F_\beta$

注:1. 齿轮坯的公差应减到能经济地制造的最小值。

　　2. L 为较大的轴承跨距,D_d 为其准面直径,b 为齿宽。

表 9 - 7　安装面的跳动公差

确定轴线的基准面	跳动量(总的指示幅度)	
	径　向	轴　向
仅指圆柱或圆锥形基准面	$0.15(L/b)F_\beta$ 或 $0.32F_p$ 取两者中之大值	
一个圆柱基准面和一个端面基准	$0.3F_p$	$0.2(D_d/b)F_\beta$

注:齿轮坯的公差应减到能经济地制造的最小值。

新的国家标准没有规定齿轮各基准面的表面粗糙度,设计的可参照表 9 - 8 所示数取进行选取。

表 9 - 8　齿轮各表面的粗糙度 *Ra* 的推荐值

齿轮精度等级	5	6	7		8	9	
轮齿齿面	0.4 ~ 0.8	0.8 ~ 1.6	1.6	3.2	6.3	6.3	12.5
齿面加工方法	磨齿	磨或珩	剃或珩	精滚精插	插或滚齿	滚齿	铣齿
齿轮基准孔	0.4 ~ 0.8	1.6	1.6 ~ 3.2		6.3		
齿轮轴基准轴颈	0.4	0.8	1.6		6.3		
齿轮基准端面	3.2 ~ 6.3	3.2 ~ 6.3	3.2 ~ 6.3		6.3		
齿轮顶圆	1.6 ~ 3.2	6.3	6.3				

齿轮表面粗糙度允许值可按国家标准(GB/T 18620.4—2002)中的规定进行选取,如表9-9所示。

表9-9 齿轮表面粗糙度

齿轮精度等级	$Ra/\mu m$		$Rz/\mu m$	
	$m_n < 6$	$6 \leqslant m_n \leqslant 25$	$m_n < 6$	$6 \leqslant m_n \leqslant 25$
5	0.4	0.80	3.2	(4.0)
6	0.8	(1.00)	6.3	6.3
7	1.60	1.60	(8.0)	(10)
8	(2.0)	3.2	12.5	12.5
9	3.2	(4.0)	(20)	25
10	6.3	6.3	(32)	50
11	12.5	12.5	(63)	100
12	25	25	(125)	200

9.4.8 图样标注

国家标准规定,齿轮的检验项目具有相同精度等级时,只需标注精度等级和标准号。例如8 GB/T 10095.1—2001 或 8 GB/T 10095.2—2001 表示检验项目精度项目精度等级同为8级的齿轮。

若齿轮各检验项目的精度等级不同时,则须在精度等级后面用括弧加注检验项目。例如 "$6(F_\alpha)7(F_p、F_\beta)$ GB/T 10095.1—2001" 表示齿廓总偏差 F_α 为6级精度、齿距累积总偏差 F_p 和螺旋线总偏差 F_β 均为7级精度的齿轮。

图9-35 所示为减速器输出轴上的标注示例。减速器输出轴 $B—B$ 剖面的 C 基准是

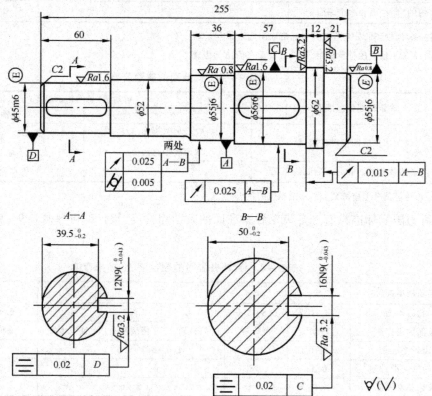

图9-35 减速器输出轴的尺寸、几何、表面粗糙度的公差要求

$\phi56r6$ 的轴线,也是渐开线齿轮 $\phi56H7$ 的轴线,同样也是齿轮毛坯加工和滚齿机加工齿廓的基准 A。两个基准面的粗糙度 Ra 允许值均为 $1.6~\mu m$,它们的配合性质属于基孔制的过盈配合,其配合标注代号为 $\phi56H7/r6$。

图 9 - 36 所示为检测参数是根据检验项目选择的第一组组合。采用这种标注示例,仅参考。

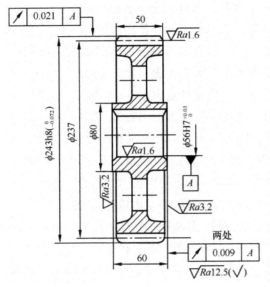

模数	m	3
齿数	z	79
齿形角	α	20°
变位系数	x	0
精度等级	8 (GB/T 10095—2001)	
齿距累计总偏差	F_P	0.070
齿廓总偏差	F_α	0.025
螺旋线总偏差	F_β	0.029
径向跳动公差	F_r	0.056
齿厚极限偏差	E_{sns}	-0.080
	E_{sni}	-0.193

图 9 - 36　齿轮

本 章 小 结

1. 本章主要介绍了齿轮传动的使用要求,齿轮精度的评定指标及其选用方法,齿轮精度的表示方法等。

2. 齿轮传动有传递运动的准确性、传动的平稳性、载荷分布均匀性和合理的侧隙四个方面的使用要求。该要求是齿轮设计、制造和使用的依据。

练 习 题

9 - 1　齿轮传动的使用要求有哪些?

9 - 2　滚齿机上加工齿轮会产生哪些加工误差?

9 - 3　评定齿轮传递运动准确性的指标有什么? 哪些是必检项目?

9 - 4　评定齿轮传动平稳性指标有什么? 哪些是必检项目?

9 - 5　有一个 7 级精度的渐开线直齿圆柱齿轮,模数 $m = 2$,齿数 $z = 60$,齿形角 $\alpha = 20°$。现测得 $F_p = 43~\mu m$,$F_r = 45~\mu m$,问该齿轮的两项评定指标是否满足设计要求?

9 - 6　已知渐开线直齿圆柱齿轮副,模数 $m = 4$,齿形角 $\alpha = 20°$,齿数 $z_1 = 20$,$z_2 = 80$,内孔 $d_1 = 25$,$d_2 = 50$,图样标注为 6(GB/T 10095.1—2001) 和 6(GB/T 10095.2—2001)。

(1) 计算两齿轮 f_{pt}、F_p、F_α、F_β、F_i''、f_i'' 及 F_r 的允许值;

(2) 确定两齿轮内孔和齿顶圆的尺寸公差、齿顶圆的径向跳动公差以及基准端面的端面跳动公差。

参 考 文 献

[1] 徐茂功. 公差配合与技术测量[M]. 北京：机械工业出版社，2008.

[2] 姚云英. 公差配合与测量技术[M]. 北京：机械工业出版社，2006.

[3] 廖念钊. 互换性与测量技术基础[M]. 北京：中国计量出版社，1995.

[4] 杨好学. 互换性与技术测量[M]. 西安：西安电子科技大学出版社，2006.

[5] 周文玲. 互换性与测量技术[M]. 北京：机械工业出版社，2007.

[6] 廖念钊. 互换性与技术测量[M]. 北京：中国计量出版社，1991.

[7] 李坤淑. 公差配合与测量技术[M]. 北京：机械工业出版社，2010.

[8] 高晓康，陈于萍. 互换性与测量技术[M]. 北京：高等教育出版社，2009.

[9] 机械工程手册编委会编. 机械工程手册[M]. 北京：机械工业出版社，1997.

[10] 梁子午. 检验工实用技术手册[M]. 南京：江苏科学技术出版社，2004.

[11] 甘永立. 形状和位置公差检测[M]. 北京：国防工业出版社，1995.

[12] 李晓沛，等. 简明公差标准应用手册[M]. 上海：上海科学技术出版社，2005.

[13] 胡风兰. 互换性与技术测量基础[M]. 北京：高等教育出版社，2005.

[14] 郑建中. 互换性与测量技术习题与解答[M]. 杭州：浙江大学出版社，2004.

[15] 朱超. 公差配合与技术测量[M]. 北京：机械工业出版社，2008.